浙江省文化和旅游厅科研与创作项目（项目编号：2022KYY037）

城市公共开放空间声景的
生理效应研究

/

RESEARCH ON PHYSIOLOGICAL EFFECTS OF SOUNDSCAPE
IN URBAN PUBLIC OPEN SPACES

李忠哲　著

重庆大学出版社

内容提要

本书以生理指标为观测手段，探究城市公共开放空间中声景对人体生理指标的影响，并结合主观问卷，分析客观生理参数和主观评价因子之间的关系与差异，进而总结出生理指标在声景中的变化规律。本书对声景质量与健康的关系进行了探索，证实了声景在生理上的恢复效应，为声景评价提供了生理层面的参考，并为城市健康声景设计提供了理论依据和设计建议。

图书在版编目（CIP）数据

城市公共开放空间声景的生理效应研究／李忠哲著.
－－重庆：重庆大学出版社，2023.8
ISBN 978-7-5689-3977-5

Ⅰ．①城… Ⅱ．①李… Ⅲ．①城市空间—公共空间—建筑声学—研究②城市空间—公共空间—城市景观—研究
Ⅳ．①TU112②TU984

中国国家版本馆 CIP 数据核字（2023）第 104274 号

城市公共开放空间声景的生理效应研究
CHENGSHI GONGGONG KAIFANG KONGJIAN SHENGJING DE SHENGLI XIAOYING YANJIU
李忠哲　著
策划编辑：林青山
责任编辑：鲁　静　　版式设计：林青山
责任校对：刘志刚　　责任印制：赵　晟

*

重庆大学出版社出版发行
出版人：陈晓阳
社址：重庆市沙坪坝区大学城西路 21 号
邮编：401331
电话：（023）88617190　88617185（中小学）
传真：（023）88617186　88617166
网址：http：//www.cqup.com.cn
邮箱：fxk@ cqup.com.cn（营销中心）
全国新华书店经销
重庆升光电力印务有限公司印刷

*

开本：720mm×1020mm　1/16　印张：16.25　字数：233 千
2023 年 8 月第 1 版　　2023 年 8 月第 1 次印刷
ISBN 978-7-5689-3977-5　定价：89.00 元

前　言

　　健康的城市生活环境既是个人与社会的共同追求,也是城市公共开放空间中的重点。城市声环境与城市居民的生产生活息息相关,在生理和心理等都给人们带来了极大的影响。随着声景领域研究的不断深入,单纯考虑声闹程度已不足以描述声音中的所有特征。正因如此,声景研究不仅要关页面声源的影响,还要研究人在声环境中的感知,进而考虑正面的声音对人体的积极作用。探求声景对人的生理影响,是连接声景与健康之间的桥梁,也是实现健康声环境的根本途径。本书以生理指标作为观察手段,探究城市公共开放空间中典型声景对人体生理指标的影响,并结合主观问卷的调查,分析客观生理参数和主观评价因子之间的关系与差异,进而总结生理指标在声景中的变化规律,并为城市声景设计及声环境控制提供建议。

　　本书由宁波大学潘天寿建筑与艺术设计学院李忠哲撰写。全书共分为7章:第1章为绪论;第2章通过对现有的声景理论和电生理学基础理论进行研究和分析,讨论声景的常见分类方法及其特征;第3章从人在声景中暴露的时间的角度,分析声景中生理指标的敏感程度,研究了时间因素和声景类型对各项生理指标的影响;第4章对声景中的视听交互作用进行了研究,分析了动态视觉和静态视觉对生理指标和主观评价的影响,研究了声景中视觉因素对听觉因素的影响以及听觉因素对视觉因素的影响;第5章对声景中声音频谱的变化进行了研究,分析了声源距离以及声音衰减方式对各项生理指标和主观评价因子的影响;第6章分析了城市公共开放空间中典型声景片段对生理指标的影响,研究了声景类型对生理指标和主观评价因子的影响,分析了生理指标受实际声学参数影响的具体趋势;第7章为结论与展望。

　　本书的结论有助于进一步对声景质量与健康的关系进行探索,为城市公共开放空间中的声景评价提供新的方法和指标,并对城市公共开放空间中的恢复性声景设计提供基础的理论依据和实际建议。

由于作者水平有限，书中难免存在不足之处，敬请广大读者批评指正，欢迎业内人士共同探讨和交流。

李忠哲

2022 年 12 月 6 日

目　录

第1章 绪 论

1.1 研究背景

随着城市化进程的不断推进,城市规模不断扩大。工业化的发展与人们生活水平的提高,使城市中的声环境变得越来越复杂。居住在闹市中的居民在承担生活压力的同时,也会被城市中的各种噪声影响,这些影响同时体现在心理和生理方面。如何改善和控制城市公共开放空间中的人居声环境,是建筑师、城市规划设计师和社会心理学研究者共同关注的问题。本书的研究主要从以下 3 个方面展开。

1.1.1 城市的高密度化趋势

截至 2022 年 7 月,世界上已有超过 45 亿人口居住在城市地区。近年来,世界城市化率在历史上首次超过 50%(2022 年为 57%)。尽管看起来全球范围内不断扩张的城市占用了很多土地,但实际上目前地球上只有大约 1% 的土地被定义为城市地区[1,2]。城市化进程的增速使得城市规模不断扩大,城市人口不断增加,进而使城市的高密度化越发严重。随着信息时代的到来,城市之间的人口流动也日渐频繁,高密度已经成为大型城市的普遍状态。然而,城市环境却是人类漫长的发展史上相对比较新的概念,高密度城市更是最近几十年的产物,人类对城市化和城市的高密度化的"适应"和"进化"其实才刚刚开始。

城市向高密度化的转变改变了人类的生活、工作、旅行和联络的方式,同时也给城市中的土地、能源、环境卫生等资源带来了巨大影响。城市的高密度趋势逐渐受到政府部门及城市规划、环境监控、风景园林等领域学者的关注[3]。在不断被开发的同时,城市中的公园、广场等公共休闲空间也在不断被压缩,市民对城市景观以及公共活动空间的需求得不到满足,这一趋势必然会影响城市的生态和可持续发展[4]。

城市高密度化也使城市的声环境发生了变化:一方面,城区建筑密集化带来的交通拥堵现象,使得交通噪声和生活噪声都日益严重;另一方面,城市公园、广场等绿地面积的压缩使得居民的室外活动空间不断减少,居民能感知到的纯粹的自然声源也随之减少。人们在日益紧张的生活环境中感到压力倍增,加之生活空间被压缩导致私密空间缺失,人们不断累积的心理压力难以释放[5]。与此同时,随着社会竞争越发激烈以及生活节奏越发快速,许多人的负面情绪激增并难以平复。综上所述,城市高密度化对城市居民的身心健康造成了负面影响。因此,有必要从声环境研究的角度,对城市公共开放空间中的声景进行分析,寻找有效的途径控制和解决城市高密度化带来的噪声问题。

1.1.2　健康人居环境的需求

城市和人类健康之间的关系是城市规划和建筑设计领域共同关注的话题。不幸的是,城市人口的快速增长对城市居民的心理、生理和社会健康以及整个城市的环境健康等各个方面都产生了不利影响。因此,为了实现城市发展的可持续性,需要将环境、气候、经济和社会视为同一个系统中不可分割的部分。早在 1972 年,格罗斯曼(Grossman)便提出并建立了健康需求模型[6],认为健康需求的主要影响因素是经济实力。随后,我国学者根据实际情况进行了大量的模型验证工作[7],结果表明,城镇居民对健康有较高的需求,随着人均受教育水平和收入水平的提高,人们对健康的需求也在不断增加。如今,随着城市规模和密度的变化,需要进一步分析城市中的人居环境对居民健康的影响。

基于人们对健康人居环境的需求,世界卫生组织(World Health Organization,WHO)于 1984 年提出了"健康城市(Healthy City)"的概念[8],这一概念为城市提供了一种物理环境,其鼓励并支持环境达到健康、幸福、安全以及社会互动的目标,认为健康城市应具有可及性和流动性,与此同时能尽可能满足公民的生活需求以及自豪感、文化认同感等心理需求。

综上所述,构建健康人居环境,需要营造一个健康宜居的城市公共空间。在建筑环境领域、公共卫生方面,城市公共空间既需要包括人们生活和工作场所的物理部分——其中包含娱乐、商业、体育活动设施,也需要包含建筑物、街道等基础设施。健康城市需要健康人群、健康环境和健康社会的共同营造,根据环境心理学的理论[9],人的身心健康会受到城市环境的影响。因此,十分有必要探究环境对人的心理及生理健康的作用。

1.1.3　声环境对健康的影响

环境问题一直以来备受重视,人类作为自然界中的存在,受制于自然界,同时具有主观能动性,能够利用自然并改造自然[10]。因此,人在控制和改变周围环境的同时,声环境也会随之改变。尽管噪声污染作为全球第二大常见的环境压力源(仅次于空气污染)影响着人们的健康、福祉和生活质量,但噪声的负面影响在政策和实践中经常被忽略。例如,联合国可持续发展大会并未直接计划解决噪声问题。研究表明,环境噪声与人类多方面的健康问题相关,可能会增加人类患其他疾病的风险。在欧洲,每年有超过 1.25 亿人面临交通噪声的影响并进而出现一系列健康问题,包括心血管疾病、认知障碍、睡眠障碍、高血压以及烦躁不安等,有些情况下甚至可能导致人过早死亡。当前,全球听力损失和相关干预措施的成本估计在 7 500 亿~7 900 亿美元,可见噪声对人类健康的有害影响让全社会付出了高昂的代价。

城市声环境与市民的工作、生活息息相关,在生理和心理以及行为等方面都给人们带来了极大的影响。起初,学者们只关注噪声对人体生理及心理的影响,从而对噪声进行控制。随着声景概念的提出以及对声景评价的不断研究,学者们发现单纯考虑声音的吵闹程度不足以描述声音的所有特性。因此,声景研究不仅考虑了负面声源的影响,还通过对声环境感知的研究,关注正面的声音对人体健康的积极作用[11,12]。因此,声景的研究方法为声学界提供了一种观念转变:不仅需要研究噪声污染的负面影响,还需要研究声环境对人群健康的恢复作用。

根据"环境恢复理论"的研究,在某些特定情况下,环境会对个体产生有益的影响,包括改善不良情绪、减轻压力以及对注意力的恢复。因此,为了使城市公共开放空间营造出健康舒适的环境,人的因素应该成为研究过程中的核心,将人在声环境中的实际感知纳入声景的研究、评估和规划过程中[12,13]。近年来,针对诸如城市安静、宁静和恢复之类概念的研究数量不断增加,但声学界的关注点仍然主要集中在研究噪声的负面影响上,而在声音环境对人类心理和身体健康、社会福祉以及如何创造最佳健康声景等方面仍存在大量问题待探索。如何区分声环境中的有益部分和有害部分? 声景中的这些成分会对人的生理及心理造成怎样的影响? 如何衡量声环境对人类生理的影响程度? 这些问题都十分值得研究。

1.2 研究的目的和意义

1.2.1 研究目的

本书研究的主要目的,是以生理指标作为观察手段,探究城市公共开放空间中典型声景要素对人体的健康恢复效应的影响,并结合主观恢复性问卷调查,分析客观生理参数和主观评价因子之间的关系与差异。因此,本书希望通过一系列实验室研究解决以下 4 个方面的问题：

①在声景中，时间因素是如何影响生理指标的？人体的哪些生理指标是对声音敏感的？这些生理指标在声景中随时间的变化趋势是什么？

②在声景中，视觉和听觉因素是如何影响生理指标的？二者的影响趋势是否相同？又存在怎样的交互作用？

③在声景中，声音的频谱成分是如何影响生理指标的？声景中声源距离和衰减方式的变化如何影响生理指标？

④生理指标的变化与声景的主观心理评价和客观声学参数之间存在怎样的关系？

1.2.2　研究意义

（1）对声景质量与健康的关系进行探索。声景的研究注重个体对声音的感知，以往的研究大多偏重于心理学层面，对健康的评价往往缺乏客观的标准。本书从心理生理学的角度探求声景与健康之间的关系，包括声景感知对健康效应的影响，以及与声景相关的心理学和生理学方面的系统性研究。因此，本书通过对生理信号的检测与分析，研究声景要素和生理信号之间的关系，进而探求声景质量与健康之间的关系。

（2）为城市声景评价提供生理层面的参考。声景的评价是声景研究领域的重点研究内容之一。尽管其他学者已经从主观心理层面进行了大量的研究，但从生理角度对声景进行评价还处在萌芽阶段。目前声景研究中的一个主要挑战便是如何制定一个国际通用的声景评价标准，该标准需要对声景质量具有更加细致的区分能力，同时也需要反映人在生理和心理等多方面对不同声景的感知。因此，本书结合声景的生理效应，进一步分析生理与声景质量之间的关系，为声景评价提供生理层面的参考。

（3）为城市健康声景设计提供理论依据和设计建议。对声景的生理效应研究本身便是声景与健康之间的桥梁,但目前对健康声景的研究大多集中在声景对人主观感受的影响上,其对恢复性空间的生理效应方面的研究仍然需要系统验证。因此,本书的研究可以从侧面证实声景在生理上的恢复效应,进而对声景设计提供基础的理论支持。基于本书研究得出的结论,可以为城市公共开放空间中的声景设计提供建议。

1.3　国内外相关研究综述

1.3.1　声景评价研究

声景概念的提出最早可追溯到 20 世纪初,芬兰地理学家约翰·加布里埃尔·格拉诺(J. G. Granö,1882—1956)(图 1.1)在 1929 年发表的著作《纯粹地理》(芬兰语:*Puhdas maantiede*)中首次提出了声景的理念,"声景"一词旨在调动起地理学研究中的听觉感知体验,从而使以往意义下的声环境不仅作为物理量的代表与存在,而且转化为具有可以被感知到内容信息的现象[11],以区分声音研究(Sound Study)与噪声研究(Noise Study)的差异。遗憾的是,该书出版后沉寂多年,声景的理念并未引起学界的足够关注。

真正意义上的声景研究是加拿大作曲家默里·谢弗(R. Murray Schafer)(图 1.2)在 20 世纪 60 年代末提出[12]的。谢弗推广了"声景"一词,开创了从 1969 年开始的"世界声景计划"、1993 年的"声学生态学"论坛,创立了与"声景"相关的新学科,他的实地录音方法及经验影响至今。有关声景的研究至今已经超过了 50 年,这其中一个关键的问题就是如何对声景进行评价,进而了解声音是怎样在给定环境下影响其使用者的[13]。可以说,声景研究从一开始的主要目的就是对声环境进行更为合理的评价。因此本书研究的前期首先需要对声景评价进行综述。至今,国内外已经针对不同功能的空间、不同的声源特征以及不同的使用者群体,对声景进行了大量的、有针对性的研究[14]。

图 1.1 约翰·加布里埃尔·格拉诺　　　　图 1.2 默里·谢弗

对于声景评价,世界各地都建立了不同的声景指标作为声景评价标准,但目前声景评价主要是基于社会学和心理学层面,其中法国的兰博(Raimbault)等人[15]通过行为和问卷得出的声景要素评价方法,发现了感知空间尺寸与声学指标相关,而时间维度表明了受试者在感知态度上存在差异;英国的菲桑特(Pheasant)等人[16]通过对主观恢复性问卷的评定,提出了用噪声水平和场景中的自然元素特征的比值函数来评价"宁静度"的方法,发现最大声压级和自然景观所占的百分比是影响声景中安宁的关键因素;戴维斯(Davies)等人[17]用语言清晰度作为声景的评价指标,并运用声景图来描述声景质量,通过对声景感知的多因素分析得出,语言交流是城市声景整体质量感知中最重要的需求要素;沃洛斯金(Woloszyn)等人[18]通过 GIS 空间呈现系统,以声学漫步的方法,将采取语义集成法得到的主观评价数据与空间数据进行综合评估,通过其心理物理维度来定义相关的"令人印象深刻"的声源(即声音印记),根据两个维度的因素,即能量维度(有效感知噪声水平)和时间维度(声音事件出现的可能性)对声景进行评估;阿克塞尔森(Axelsson)等人[19,20]通过语义细分法采用 116 个评价词对声景进行评价,采用因子分析对数据进行降维并得到了两个主要的声景感知维度:愉悦感和多事感(即所处的声环境是否是多样而生动的),该模型确定了与感知到的环境愉悦度以及激活或唤醒环境的方式有关的两个维度,并在这两个维度中找到了与其夹角45%的评价因子。因此,在两个维度上得出了4对共8个评价因子,分别为愉悦、混乱、活力、寻常、平静、烦恼、多事和单调。除上述重要的声景评价研究之外,针对特定空间中评价指标的研究也很多,在此不作赘述。

我国学者对声景评价也进行了大量的研究,大部分研究者主要针对不同的空间类型进行声景评价研究,如郭敏[21]对江南园林中声景的主观评价进行了研究,进而提出了针对园林声景的评价因素。于博雅[22]研究了城市商业街的声景,通过因子分析对商业街中声景的主观感知因子降维,最终提取出喜好度、交流性等5个主要的感知维度作为评价标准。任欣欣[23]对乡村声景进行了研究,通过视听交互的研究方法发现,生活在农村的居民更喜欢自然声与旋律声,对家畜声与交谈声的评价一般,对交通声和机械声等噪声十分讨厌;此外,声喜好与评价者的年龄、受教育程度、对环境和文化的经验认知呈现相关性。孟琪[24]以主观响度和声舒适度作为评价指标,对地下商业街进行了声景评价研究,并建立了BP神经网络预测模型,发现商场中音乐声等独立声源对主观响度和声舒适度的评价有显著影响;受众的收入、学历以及职业与声舒适度的评价之间也存在相关性。

国内外的相关文献表明,绝大多数声景研究都倾向于使用现场人员所经历的声学环境的个体响应来收集数据,并且使用的方法相对有限,如声景漫步、问卷/访谈、非参与的行为观察等。现有的关于声景评价的文献大多局限于对声景的主观感知的研究,还无法将声景评价与人的生理和健康状态建立直接的联系。目前,声景研究的一个关键目标便是如何与其他学科交叉合作,建立一个国际通用的评价标准,该标准必须通过各方面的因素对声景进行全面的评价。因此,为了建立一个更为全面的声景指标,需要从生理角度对个体在声景中的感知进行研究。

1.3.2 噪声对生理的影响研究

近 30 年,声景研究已经逐渐从噪声研究领域独立出来,但噪声研究领域对生理效应的研究更早并且更加基础。本节对噪声领域内的生理效应研究进行综述,讨论其基础的研究方法,作为本书研究的借鉴和参考。广义上,噪声的概念并不专指声压级达到一定程度的声音,而是泛指一切个体不想听到的声音。这意味着,噪声并不完全与声音的大小相关,其本身并不是一个客观现象,而是一种主观感知。

噪声会对人的身体健康造成一定影响,尤其会对听力造成一定损伤,这一现象早就被人所知。但直到第一次世界大战后,人们发现炮声引发的耳聋数量倍增,这一问题才被医学界重视。自 20 世纪 60 年代以来,国际上对噪声的生理影响进行了大量的系统性研究,这些研究主要证明了噪声对健康,包括心脑血管疾病、睡眠问题、烦躁、儿童认知障碍等方面的影响。

国外学者针对噪声的研究对象主要集中在职业工人或特定人群,如戴伯(Daiber)等人[25]研究了暴露于噪声环境中对健康产生的各种不利影响及其生理机制,发现噪声会影响交感神经的激活状态,进而引起全身性应激反应,最终可能引发一系列心脑血管疾病;撒切尔(Thacher)等人[26]在对丹麦整个国家的医疗记录进行连续性研究后提出,长期暴露于交通噪声中会使孕期女性患妊娠糖尿病的风险升高;格兰德让(Grandjean)等人[27]的研究证实,长期暴露于飞行器噪声中的人群比非暴露人群更加依赖抗精神类药物;库勒-舍恩(Kröller-Schön)等人[28]的研究发现,飞机噪声所引起的睡眠剥夺会导致大脑氧化应激,并引发一系列炎症;史密斯(Smith)[29]与詹金斯(Jenkins)[30]的研究均表明,飞机场噪声可使周围居民患精神类疾病的住院率上升;贝尔戈米(Bergomi)等人[31]对学生群体进行了生理测试,将被试暴露在超过 90 dB 的噪声中 5 h,并检测他们的血压、心率等生理指标以及第二天尿液中的皮质醇浓度。研究表明,高分贝的噪声可影响人体的神经内分泌系统并对部分感官功能造成损伤。由此可见,长期暴露在噪声环境中,人体各方面的机能都会受到影响。

我国在噪声对生理的影响方面也进行了大量研究,以中国科学院声学研究所为主的研究单位对全国70多个城市的环境噪声进行了大规模调查,并在此基础上制定了一系列噪声评价指标以及环境噪声评价标准。针对噪声的研究在近50年取得了大量成果,这方面的大部分研究主要针对噪声对工人的影响,其中,朱健全等人[32]研究了工厂噪声对工人的心血管系统以及血脂的影响,结果表明噪声会使工人的心率降低,并对女性工人的血压造成显著影响;张一辉[33]研究了噪声对工人的神经功能的影响,结果表明高强度噪声环境会引起神经的功能性改变,其中交感神经的兴奋度会降低,而对副交感神经的功能影响不显著;李娜等人[34]对3家机械厂的470名工人进行了调查,发现噪声会对工人的听力以及心血管健康造成显著影响;孙炳坤等人[35]对暴露在噪声环境中的纺织女工的生殖健康进行了研究,结果表明,纺织车间的机械噪声会对女工的生殖健康造成一定影响;刘同想等人[36]研究了连续噪声对生理及心理的影响,采用主观恢复性问卷来评估焦虑并测量了工人的血压,研究结果表明暴露在连续噪声中的工人的焦虑状态显著高于其对照组。

在建筑噪声方面,付聪[37]和谢辉[38]分别对临街建筑室内环境噪声和临街建筑声环境对人体生理信号的影响进行了研究,通过播放录制的噪声,以实验的方式对被试进行了多项生理指标的检测,包括血压、心率、脑电波、感觉神经传导速度、听性脑干反应和运动传导速度等。主要研究结果表明,交通噪声可能导致被试的心率和血压下降、心电与脑电波波形异常等情况。王娇琳[39]研究了噪声对人的身心状态的影响,其研究结果表明,环境中的噪声会影响人们的短期记忆力以及对声音的烦恼度评价。

综上所述,有关噪声对生理影响的研究主要通过两种方法进行,一种是通过大规模的社会学研究,以选定区域人口的大数据方式、对比噪声地图来研究噪声区域与各种已知疾病之间的关系。另一种方法是基于对特定人群在噪声中暴露的状态来分析噪声对特定人群的影响,这种方法的优势是能够更加精确、定量地研究噪声对人体生理的影响,缺点是需要通过长期观察或通过实验室进行研究。尽管各国研究者以及各有关政府部门在降低环境噪声方面已经做出了极大的努力并颁布了相关法律法规,如《欧盟环境噪音指令》(*The EC Environmental Noise Directive*,END),绝大部分研究主要关注了声音中消极的无用因素,其目的是研究如何对噪声加以控制,没有考虑声音中的积极作用对生理的影响。此外,这类研究大多需要进行长期的实验和观察,主要关注噪声的长期暴露造成的致病率的升高,而很少关注短期的声音片段对人的心理、情绪以及行为的影响。

针对噪声的生理效应的研究比声景研究发展更早,研究成果也更多,因此有关噪声对人体生理的影响的相关结论已经比较全面。但声景研究更关注声环境中的积极因素,希望通过设计的手段来营造良好的声环境,而不是单纯地将环境中的声音归结为噪声。因此,有关噪声生理效应的研究可以为声景的生理效应研究提供参照,但针对声景的研究需要更多地考虑声音背后的含义,而不是单纯考虑声音中的物理参数。

1.3.3　声景对生理及健康的影响的研究

随着对噪声研究的不断深入,人们逐渐发现不仅是大于 90 dB 的噪声会对人体产生影响,普通的声源所产生的声音刺激也会在一定程度上引起人的生理反应。与此同时,声景研究也在不断拓展,逐渐发展为与噪声控制不同的学科。如表 1.1 所示,声景研究与噪声控制在研究目的和方法上均有明显的区别。学者们发现,声音环境中声景观不仅会影响人们的主观感受,也可能会影响人们的健康。自 20 世纪 90 年代起,有关声景对生理及健康影响的研究逐渐兴起,其主要分为小规模研究和大规模研究两种方式。

表 1.1　声景研究与噪声控制的区别

声景研究	噪声控制
声音被视为一种资源	声音被视为一种废物
专注于偏爱的声音	控制声源
需要区分不同声源	对整体声环境进行测量
用喜欢的声音掩盖不需要的声音	通过管理,降低噪声等级

　　小规模研究主要是针对特定人群,通过在实验室中对视听场景的还原来研究人体生理上的变化。布拉德利(Bradley)和朗恩(Lang)[40]两人进行了声音刺激引起生理反应和判断情绪方面的较早期的研究,针对 60 组声音及其对应的图片进行了二维情绪评估,并记录了这些声音刺激所引起的心电、脑电和皮肤电阻等参数的变化,发现其生理变化与自我情绪评价的结果高度相关。此外,研究发现等效声压级与愉悦度无关,但与觉醒度之间存在一定关系。此后,朗恩根据情绪二维理论(愉悦度和觉醒度模型)建立了情绪自我评价模型(Self-Assessment Manikin,SAM);紧接着,美国布拉德利教授建立了国际情感数字化声音库(International Affective Digitized Sounds,IADS);谢泼德(Shepherd)等人[41]也针对声音刺激的生理反应进行了研究,研究结果中虽尚未明确有关噪声敏感性的生物学机制,但可以肯定的是,有关声音敏感性的电生理学研究是可行的;楚恩(Chuen)等人[42]研究了声音中单一参数变化对生理指标的影响,分析了声音对心率、皮肤电阻、呼吸频率和面部肌肉的影响。研究结果表明,所有声音参数的变化都会导致心率增加,皮肤电信号的反应受到音色、强度和节奏变化的影响,其中呼吸频率对节奏的变化非常敏感;胡美亚(Humea)等人[43]研究了 18 段录音对人的心率、呼吸频率和皱眉肌的反应,发现对于不愉快的声音,人的心率有明显上升,呼吸频率有微小的提高,皱眉肌肌电信号增强;对于愉快的声音,人的心率有极微小的下降,呼吸频率有明显提高,皱眉肌无明显变化。此外,研究还表明,男性心率和呼吸频率的反应更为强烈。上述研究均对

声音刺激的生理反应进行了定量的实验性研究,充分证明了运用电生理学技术研究声景生理反应的可行性。

也有部分研究分析了不同音乐背景下人的生理反应,音乐声往往能够比普通的环境声音表达更多的信息,也会激发出更多的情感,因此这些文献同样值得借鉴。其中,奥里尼(Orini)等人[44]对音乐声诱发的情绪进行了生理测量。研究发现,愉快的音乐声会使人的心率和呼吸速率都显著上升,并且使心率变异性中的高频成分更低;布拉德(Blood)[45]、施密特·L(Schmidt L)[46]和萨姆勒(Sammler)[47]等人均对音乐声在脑电方面的影响进行了测量和分析,研究结果表明快乐和兴奋的音乐片段与左侧额叶脑电活动有关,而恐惧和悲伤的音乐与右侧额叶脑电活动增强有关。

我国针对声音刺激的生理反应也进行了一些研究,其中贺玲姣[48,49]主要通过情感声音库进行主观评价和生理测量,研究了在不同类型声刺激下的脑电信号;张露等人[50]研究了双耳差频声刺激对脑电波的生理状态的影响,并通过差频声音刺激达到了提升大脑警觉度的效果。由于许多国内学者的成果也以英文形式发表,这一领域的中文文献相对较少。

声景与生理和健康之间的大规模研究主要基于大量的社会调研,其中大部分是以主观的健康报告的形式,探求声景与健康之间的相关性。奥尔斯特罗姆(Öhrström)等人[51]通过一系列大规模的社会声学调查,研究了哥德堡和斯德哥尔摩地区家庭对环境的感知。研究结果表明,在住宅的安静区域生活可以抵消一部分道路交通噪声带来的烦恼;布伊(Booi)和范·登·伯格(Van den Berg)[52]进行了另一项社会声学调查,其中包括 809 名参与者,这是一项有关阿姆斯特丹安静地区的广泛研究。他们的研究发现,更好的健康状况与日常声景体验中的满意度(即对安静的需求降低)之间存在正相关。谢泼德等人[53]在新西兰进行了一项研究,总共包括 823 名参与者,被调查者居住在不同的城市化梯度范围(即新西兰北岛的农村地区、奥克兰国际机场周围地区以及奥克兰市区内)。对于与健康相关的评价标准,该调查参考了生活质量的标准化协议以替代被试的个人健康状况。最后得出的结论是，尽管不愉快的声景会引起人们的反感，但积极评估的声景可以支持健康的恢复并提高生活质量。目前，我国还很少有项目在进行声景对健康影响的大规模研究。

除了以上研究之外，阿莱塔（Aletta）等人[54]还对声景与健康之间的关系进行了系统分析，以"声景""健康""幸福"和"生活质量"为关键词，对130篇文献进行了整理。结果表明，对于大规模的社会学研究，积极的声景与自我报告中良好的健康状况之间呈现显著的正相关；对于小规模的实验室研究，积极的声景（如宜人的、平静的）能够使人更快速地从压力状态中恢复过来。

综上所述，关于不同类型的声音（如自然声、音乐声等）对中枢神经系统和周围神经系统功能的影响已经有很多研究，但其中的生理作用机制还远未获得解释。声景对人体健康的影响的研究需要各个学科合作，并依靠大量的心理认知和生理反馈实验来共同实现。目前针对声景的生理效应的研究还主要是通过短时间的声景片段来观察人在环境中的反应，该方面的研究在实验方法上还没有统一的研究范式。因此，有必要从方法论的角度讨论如何记录和还原声景片段，以及分析声景刺激的呈现和观察时间等细节问题。

1.3.4　声景与神经科学相关的研究

声景研究在关注客观声学参数的同时，也更加关注人们对声音的主观感受，这便涉及感知和认知的过程。在这一研究领域中，声景研究的范围与神经科学交叉。神经科学是生理学的一部分，本节对其单独论述是因为神经科学常常与脑科学结合在一起并早已成为一门独立的学科。与声音相关的神经科学涉及人对声音感知和认知的全过程，这部分的研究主要是通过脑电或者功能性核磁共振的方式来研究；同样地，有些实验结合心理学的认知实验，研究了声音刺激对人的情绪和短期记忆以及长期记忆的影响。对这部分研究进行综述，有助于更好地理解人在声音环境中的感知和感受。

大部分对声音的认知研究还集中在纯粹的声音特征上，比如研究声音的响度、频率和声音中的规律性对脑电的影响[55-58]，其中用到的研究方法主要是通过事件相关电位（Event-Related Potential，ERP）来分析失匹配负波（Mismatch Negativity，MMN）。失匹配负波是听觉事件相关电位的重要成分，它是一个大脑前额以及中央分布的负波成分。它是从怪球范式（oddball）得到的，怪球范式中含有两种类型的声音刺激：标准刺激和偏差刺激。标准刺激是一种反复出现的大概率刺激，偏差刺激是随机出现的小概率刺激。比如奥塞克（Oceak）等人[59]对响度引起的 MMN 进行研究，发现时间结构不会诱发 MMN，但响度的刺激在MMN 的诱发过程中起着重要作用。

对于纯粹无意义的声音信号到声景之间的过度是通过声序列的方式进行研究的。在这一领域中所指的声序列是一系列无实际含义的声音信号，与实际声景领域所指的声音序列不同。在这一方面，索斯韦尔（Southwell）和查特（Chait）[60]对序列中的结构与规律性进行了研究，确定了声音的规律性和人类听觉认知之间的关系，其背后涉及人的短期记忆和长期记忆的改变[61,62]。其中，声音序列中的模式可以通过无意识的学习保存在人的短期记忆中，甚至有些在长达一个月的时间内仍然保留在人的长期记忆中。

此外，研究发现，声音刺激所引起的听觉显著性也是人类声音认知过程中的一个决定性因素。显著性（Salience）是认知学领域的一个专有名词，是注意过程的一种[63]，与我们日常的主观的自上而下的注意行为不同。显著性的注意过程更接近人类的自下而上的本能意识，即声学显著性是一种人类的无意识的认知过程。赵（Zhao）等人[64]对听觉显著性进行了研究，发现听觉显著性对脑电的影响是显著的。此外，大量证据表明，通过人的瞳孔反应也可以观测到人对声音的认知过程。

另一部分学者的研究涉及实际声景的认知过程，主要是研究人在复杂声景中对声音的关注过程。黄（Huang）和埃尔希莱（Elhilai）[65]通过实际的声景片段研究了人在复杂声音环境中的注意趋势。通过对左、右耳随机出现的声景素材进行注意力的心理行为学实验，观察人在声环境中的注意力趋势，并通过瞳孔观察等认知生理学的方法,研究了听觉显著性认知过程中生理指标的变化。此外,大量的研究结果表明,声音中的心理声学参数与听觉显著性之间的相关性是更为明显的,其中绝大部分的认知过程可以通过声音中的响度和粗糙度进行解释[66,67]。以上研究均证实了从认知学层面研究声景生理效应的可行性。

目前,国内学者对声景的认知过程的研究逐年增多,但现有的国内研究中很少有人从神经科学的角度研究声景的认知过程,大部分是研究纯粹的声音刺激对认知过程的影响。如李强[68]分析了脑电与核磁共振的融合方法在听觉认知研究过程中的应用,建立了兼顾时间分辨率和空间分辨率的融合方法;哈尔滨工业大学的李洪伟[69]对音乐引发的情感脑电信号和神经机制进行了研究,通过音乐事件点在连续音乐欣赏过程中诱发的脑电信号中提取到事件相关电位。研究结果表明,在听觉过程中的早期,情感所引发的大脑活动已经出现明显的差异。

综上所述,理解听觉神经反应和认知过程是研究声景生理效应的基础,这方面的研究可以更好地解释人在声景中的生理反应,进而将理论研究和实际的声景设计更紧密地结合起来。从现有的文献来看,该领域的研究还主要集中在简单的声音刺激对认知过程的影响中,这主要是因为人的听觉认知过程过于复杂,以现有的研究方法还很难对复杂多变的声音环境进行分析。为了将单纯的声音刺激和实际的声景结合起来,需要更多地通过实际的声景刺激,在实验室进行认知过程的研究。

1.3.5 声景恢复效应研究

声景的恢复效应是近几年声景研究的热点,同时也是本书研究的关键问题之一。恢复性环境的早期概念由密歇根大学的一对心理学教授夫妇(瑞秋·卡普兰(Rachel Kaplan)和史蒂芬·卡普兰(Stephen Kaplan))提出。他们发现接触野外环境对大多数人都具有很好的恢复功能,并将恢复性环境定义为"能够更好地使人从心理疲劳和与压力相关的负面情绪中恢复的环境"。最终在 1989 年的论文中明确提出了"注意力恢复理论"(Attention Restoration Theory, ART)[70]。在同一时期,瑞典的环境心理学家罗杰·乌尔里希(Roger Ulrich)[71]对个体在环境中的身心状态进行了一系列研究,认为人处于压力状态时与自然环境亲近可以在一定程度上缓解压力和紧张。根据此结论,乌尔里希进而提出了"压力恢复理论"(Stress Reduction Theory, SRT)。ART 理论和 SRT 理论虽然同为恢复效应理论,但前者更偏向心理层面,后者更偏向生理层面。

基于乌尔里希和卡普兰夫妇的环境恢复理论,大量学者在理论层面进行了拓展和探索,其中主要的成果是建立了感知恢复性环境量表。哈蒂格(Hartig)等人[72]在 1993 年联合编制了"感知恢复量表"(Perceived Recovery Scale, PRS),将恢复性环境描述为 4 个恢复性因子(引离、迷人、程度和兼容)。在此之后,研究者们不断进行整理和改进,劳曼(Laumann)[73]、赫佐格(Herzog)[74]和佩恩(Payne)[75]均用统计学方法对感知恢复量表中的变量进行了模型的研究和改进。其中,佩恩将传统的感知恢复量表改进为声景感知恢复性量表(Perceived Recovery Soundscape Scale, PRSS),并验证了该量表的可靠性。该量表将原有的感知恢复性量表中对整体环境的描述转向了对声音环境的描述,使得对恢复性的评价适用于声景研究。佩恩进而研究了量表在声景中的适用性,结果表明该量表可以区分城市中的交通声和自然声的差异。

近几年,针对恢复性声景对人体生理作用的研究逐渐兴起,其中大部分是对环境恢复理论的验证。梅德韦杰夫(Medvedev)等人[76]通过 6 段录音证实了愉快的声音可以加快压力的"恢复",研究结果表明心率的变化不及皮肤电阻的变化明显。阿尔瓦尔森(Alvarsson)等人[77]的研究结果表明,在增加心理压力之后,交感神经的恢复在自然声音下比在低愉悦度的噪声下更快,并且在更高的声压级中恢复得更慢。安纳斯泰特(Annerstedt)等人[78]通过虚拟呈现技术呈现了两种虚拟场景:社会应激测试场景和自然环境场景,通过测量唾液皮质醇浓度和心电等方式进行研究,实验在一定程度上证实了人在自然声音环境下可以更好地缓解压力。欧文(Irwin)等人[79]用核磁共振成像和心电向量图测试了城市自然声景的生理反应,发现在响度相同的情况下,人对不同的声音环境有不同的脑电反应,在愉悦度的感知上,脑电反应比心率更敏感。默克德(Mercede)等人[80]对声景领域的生理学研究进行了综述,结果表明,现有的研究主要采用心电图和矢量心电图进行生物特征识别,在实验设计上通常采用刺激锁定和被动聆听的方式来表征声景的心理学和生理学特征。此外,声环境在不同学者的研究中存在不一致的生理反应规律,这表明声景的感知属性与生理反应之间的关系尚未明确。

国内对声景的恢复效应也进行了一些研究[81]。其中,张园[82,83]对城市公共开放空间中声景的恢复效应进行了系统的研究,通过实验室实验,以皮肤电阻作为生理状态的观测值,将主观评价与生理反应联系在一起,以定量的方式研究了典型的城市声景中个体的心理恢复和生理恢复情况;张兰和马蕙[84]针对特定人群在声景中的健康状态进行了分析,研究了儿童在不同声景中的恢复状态,并分析了环境噪声对儿童的认知能力的影响。结果表明,公园等自然景观对儿童的皮肤电阻和心率具有显著的恢复效应;谢辉和邓智骁[85]对医院中室内声景的恢复效应进行了研究,通过对不同国家之间病房内声环境的比较,结合医院的需求,提出了基于患者的康复效应的医院病房声环境评价模型,并验证了声环境的改善对患者的健康以及医生的工作效率的积极作用。

综上所述,有关声景的恢复效应研究已经持续了 20 余年,但这部分研究前期主要集中在心理层面的恢复作用,很少涉及生理层面。近几年,相关生理研究逐渐增多,但大多局限在部分典型声景或特定人群中,生理信号的选择也相对较少,生理与心理恢复性之间的关系还不够明确。

1.3.6 国内外文献综述简析

通过对相关文献研究成果的梳理可以发现,学者们对声音所引发的生理反应的研究已经十分深入。早期的研究主要集中在噪声对生理的影响,在 20 世纪末学者们开始进行对普通声源刺激所带来的生理反应的研究,与此同时,声景的评价和恢复性环境等问题的研究者们也开始着手从生理角度进行客观测量。以下将综合论述国内外研究中已有的研究成果和存在的不足。

1.3.6.1　国内外已有的研究成果

①有关声景评价的研究,国内外都已有大量文献。在声景的类型上,囊括了各种属性、各种功能的空间;针对不同类型人群对声景的感受也进行了充分的研究;根据声源特性的不同也已经做了充分的分析。

②在噪声对人的各项生理机能的影响以及噪声所导致的各种疾病方面,国内外都有大量学者进行了研究。

③声音刺激对生理信号的影响的研究主要集中在单一的声音片段(尤其是音乐片段)引起的生理信号的变化,虽然相关研究较少,但对常见的生理信号都已有了基础性的检测和分析。

④有关声景的认知过程已有大量的基础研究,主要集中在纯粹的无意义的声学信号对认知过程的影响。研究结果表明,心理声学参数中的响度和尖锐度等指标会对听觉显著性造成影响。

⑤环境恢复性理论的研究已经十分成熟,针对主观评价形成的感知恢复量表模型已经有大量研究,通过生理信号对恢复性环境进行评价的研究已经得到了部分验证。

1.3.6.2　国内外研究的不足

①尽管学术界对声景评价已经进行了大量研究,但综合多方面指标的声景评价标准还不常见。纳入生理指标、将其作为声景评价标准的研究仍在进行中,声景要素与人体身心健康之间的关系还不明确。

②针对噪声对生理的影响的研究虽然十分丰富,但大多数研究是分析长期噪声对人体的危害,这类研究通常是以职业工人为研究对象,很少有学者研究噪声的短期生理效应以及声学参数的变化对生理指标的影响。

③声音刺激对生理信号的影响还主要集中在音乐或单一声音片段的分析

上,声音会对生理产生影响已经被证实,不同声音对人的生理参数的影响也有学者进行了定性和定量的研究,但由于研究范围和方法不同,有些论文的结论有差异。

④采用真实声景片段来进行声景生理认知过程分析的研究还很少,这方面的研究需要从无意义的声音组合向复杂的声环境过渡。有关在实际声景中人们如何进行声音辨识和忽略的研究,还需要从心理学、行为学和生理学等多角度进行分析。

⑤针对恢复性声环境的生理反应的研究还很少,这些研究都处在验证阶段。人在积极的声景中恢复的过程究竟需要多久,以及声景的什么特征可以更快速地使人达到生理上的恢复,这些问题都有待研究。

综上所述,目前针对声景的生理效应研究的主要研究方法是通过被动聆听和刺激锁定的方式在实验室中进行小规模的生理反应实验。声景实验中常用的生理指标包括心率、呼吸波和皮肤电反应。声景的生理指标与主观感知之间的关系目前还没有统一的结论。声景的生理效应研究目前在国内乃至世界范围内都处于刚刚起步的阶段,有关声景对生理的影响还有许多方面值得研究。

1.4　研究内容与方法

1.4.1　概念界定

1.4.1.1　城市公共开放空间

城市公共开放空间(Urban Public Open Spaces)是指在城市或城市群中,存在于建筑实体之间的公共开放的空间体。城市公共开放空间是市民进行休闲娱乐等交流活动的开放性场所。该空间既包括城市公园、广场等公共休闲空间,也包括交通路口、步行街等公共交通区域。在城市公共开放空间的定义中,城市与乡村以及旷野对立;公共空间与产业空间以及居住空间对立;开放空间与封闭空间和室内空间对立。城市公共开放空间与城市居民的生产生活密切相关,其整体环境质量代表了城市整体的健康舒适程度,是城市规划和建筑空间设计的重点研究对象。因此,本书将城市公共开放空间作为研究的空间界定,基于城市居民的可达性考虑,为了使研究更具有实际意义,将研究的空间范围集中在城市的公园、广场、步行街以及临街公路等城市居民休闲、放松的典型空间中。有关城市公共开放空间中具体场景的选择在本书 2.1.2 节中讨论。

1.4.1.2　声景

国际标准化组织将声景定义为个体、群体或社区所感知的、在给定场景下的声环境。区别于声环境的概念,声景更关注人在声音环境中的感受,因为声景是依靠人对所处声音环境的感知而存在的。声景与声环境的区别在于,声景将人的感受作为研究的重点,而声环境只是对环境中声音的客观描述。在同样的声环境中,不同的人会根据自身的经验和知识对声音产生不同的感受,因此声景是因人而异的。本书中所研究的声景范围被界定在城市公共开放空间。本书中涉及的声景分类方法和选择过程在 2.1.2 节中讨论。

1.4.1.3　人体生理指标

人体生理指标是指人类在稳态条件或刺激条件下,大脑或其他器官对身体进行控制所发出的信号。生理指标是医学和心理学中常用的人体状态的观测指标,采用生理指标来观测人体的生理状态要比目测或被试自述等其他方式更加准确,同时也更加灵敏。人的身体主要通过神经和体液调节,本书中涉及的生理指标主要是通过无创伤的手段获取的生物电信号(或以其他能量方式转换成的电信号,比如体表温度),并对这些调节信息进行记录。主要的生理指标包括脑电、心电、皮肤电阻、呼吸波和体表温度。各项生理指标的采集和计算方法在 2.3.2 节中详细讨论。

1.4.1.4　声景的生理效应

本书中提到的生理效应是指声环境对人的生理状态的影响,主要是通过电信号的方式对生理指标进行观测。生理效应与生理指标不同,后者只是对人体生理测量之后的客观数值,而前者是通过对生理指标的计算分析得出,可以用来评估人体的具体状态,并且前者更注重的是生理状态的变化过程而非结果。同时,生理效应与心理效应不同,声景的心理效应研究的是人对建筑环境等刺激的心理反应,通常带有强烈的主观性,而生理效应更加客观并且无意识。因此,本书研究声景的生理效应时可以从客观的角度观测人对声环境的感知,与主观心理效应相互补充。

1.4.1.5　声景的恢复效应

根据定义,恢复性环境是指能够更好地使人从心理疲劳和与压力相关的负面情绪中恢复的环境。因此,声景的恢复效应是指声景中的积极因素对环境中的个体产生的促进其生理及心理恢复的作用。恢复效应与生理效应的区别在于恢复效应更关注环境中积极的、健康的作用,它既包括生理上的恢复,也包括心理上的恢复。因此,本书希望通过对声景的生理效应研究,探求如何在城市公共开放空间中营造具有良好的生理恢复效应的声景观。

1.4.2　研究内容

本书的研究是从生理角度出发,分析人对城市公共开放空间中典型声景的感知。该研究通过对城市开放空间中典型声景片段的生理信号进行测量,进而分析生理信号对不同声景的敏感程度,并探究声景对生理效应的具体影响趋势。本书的主要研究内容包括以下 5 个方面。

①声景中时间因素对生理指标的影响。主要通过实验室中的视听还原,结合主观的声景恢复性问卷,采集并分析被试的生理指标。通过重复测量方差分析,研究声景类型和时间对不同生理指标的影响,用于确定生理指标在声景中的变化趋势,确定合适的声景暴露时间。

②声景中视觉和听觉因素对生理指标的影响。主要研究不同声景的视听

第 1 章 绪 论 / 023

呈现方式对生理指标的影响。通过比较在声景呈现过程中动态视频和静态图片的生理反应差异,确定声景研究应当如何设定刺激呈现方式。通过比较纯声音和纯视频呈现方式对生理指标的影响,分析视觉因素和听觉因素对声景的生理效应的影响。

③声景中声源距离和衰减方式对生理指标的影响。主要研究生理指标对声压级和频谱的敏感程度。通过比较不同的声源距离和衰减方式下生理指标的差异,分析声压级和频谱的变化对生理指标的影响,用于确定声景录制的方式,并为今后实际声景设计中声音的处理和回放提供生理学层面的建议。

④声景类型及声学参数对生理指标的影响。对更广泛的声景类型进行生理反应的测量,分析声景对生理信号的具体影响,了解不同类型的声景与生理效应之间的关系。通过对不同声音的声学参数与生理指标的回归分析,研究客观的声学参数与生理指标之间的关系,进而总结人在声景中的生理变化趋势。

⑤生理指标的变化与主观评价间的关系。通过问卷调查得出人对声景的主观评价,分析量表的主观变量和客观生理参数之间的关系,探求生理指标与心理指标之间的相关性。通过每个实验中主观评价和生理信号之间的关系,总结出人在声景中的生理和心理变化规律;根据生理和心理之间的共同点和差异性,为声景研究中的实验方法和实际设计提供参照。

1.4.3　研究方法

①文献资料调研。运用建筑学、心理学和生理学等的各种理论,调查国内外相关研究,主要包括声景的评价方法、生理效应的检测方法、环境恢复理论等研究的现状和成果,根据前人的研究经验,寻找课题研究的切入点,以解决目前声景研究中有待解决的问题,并参照前人的问卷设计和实验室研究方法,进行实验设计和问卷调查。

②实验室研究。根据本书的研究内容,分别进行了 4 部分室内实验研究,包括声景中时间因素对生理指标影响的实验,声景中视听交互对生理指标影响

的实验,声源距离和声音衰减对生理指标影响的实验以及城市公共开放空间典型声景对生理指标影响的实验。实验室研究中的实验设计主要包括以下 3 个方面:实验刺激的录制和处理;实验场地、仪器、流程的设计;实验数据的收集和处理方法的设计。

③问卷与访谈。在进行实验室研究的同时,进行了问卷调查和访谈,主要目的是将生理实验与主观调查的方法结合。进行这方面的研究时,可以在实验前了解个体的基本特征和身心状态,结合生理反应实验,了解人对实验中声景片段的主观评价。主要研究内容包括实验问卷的设计、修正,实验室研究中前期访谈和后期讨论,以及主观恢复性问卷的数据处理。

④数据收集和数理统计。数据处理是将研究过程转化为研究成果的基础。本研究通过生理信号处理软件将人体生理电信号处理为定量的数字指标,并结合主观评价的结果,通过 SPSS 25.0 软件对生理参数和主观评价参数进行统计和量化,通过差异性分析和相关性分析研究各参数间的关系。主要内容包括数据的收集、数据的量化和筛选、数理统计模型的选择、模型的验证以及统计结果的分析。

1.4.4 研究框架

本研究框架如图 1.3 所示。在研究框架中,第 2 章为理论分析部分,对声景的生理效应进行了讨论,确定了在实验室中进行声景生理效应研究的方法。第 3—5 章讨论声景中各种环境因素对生理效应的影响,分别研究了时间因素、视听交互和声音频谱对生理效应的影响,同时分别论述了不同的刺激呈现方式和声景类型对生理指标的影响。第 6 章详细讨论了城市公共开放空间中典型声景的生理效应趋势,并论述了声景的生理指标与主观评价和声学参数之间的关系。

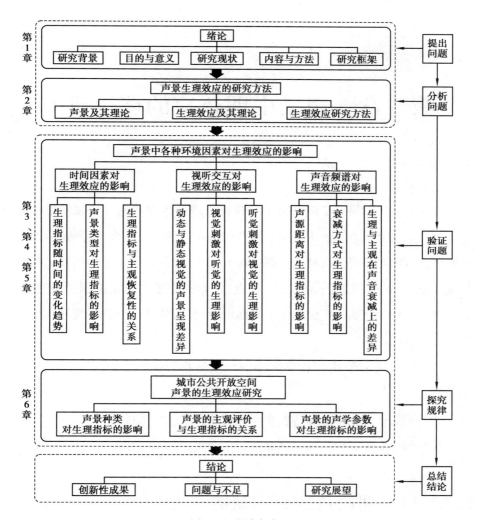

图 1.3 研究框架

第 2 章　声景生理效应的理论研究

　　本研究面临的第一个问题是如何选择合理的生理研究方法来将生理效应过程与声景研究结合。由于可用于观测生理反应的指标大多十分敏感,因此研究需要在可以对环境进行精确控制的实验室中进行,这便涉及如何在实验室中呈现声景与测量生理反应的问题。因此,本章从声景相关理论、电生理测量理论和声景的实验室研究方法这 3 个方面进行讨论,并基于理论研究具体解决以下 3 方面的问题:

　　①如何对城市公共开放空间中的声景进行分类? 如何在室外采集这些声景?

　　②常见的生理指标有哪些? 它们又反映了哪些生理过程?

　　③如何在实验室中还原声景并进行生理实验?

2.1　声景理论及典型声景的选取

　　与传统声学领域中的噪声控制不同,声景研究更注重人在环境中的感知而非单纯考虑声学中的物理量。因此,声景研究更多地考虑如何引入积极正面的声音,而非单纯控制环境中的噪声。本节通过对声景的构成、属性和特征的讨论,确定城市开放空间中的典型声景类型,明确整体研究中的研究对象。

2.1.1　声景基础理论及研究范围的界定

声景（Soundscape）从构词上来说，借鉴于景观（Landscape），是"声音（Sound）"和"景观（Scape）"的合成[86]。声景的构建最初是从音乐和生态学领域发展起来的，但随着声景研究的不断发展，其已经与建筑声学、环境健康科学、心理生理学、行为学、社会学等多个学科相互结合。声景由声音、环境和听者 3 个要素构成，三者缺一不可。声景的概念与声环境的概念不同，后者是对客观的声音环境进行描述，而前者的定义本身便包含了人对声环境的感知过程[87]。也就是说，声景是依靠人的感知而存在的[88]，对声景进行研究不能脱离人的因素。因此，只有当声环境被人感知到时，声景研究才有意义。

声环境转化成声景的过程离不开人的认知注意，当人们关注声环境中的某一方面的特征时，复杂的声环境中的某一部分才会凸显出来，进而成为令人注意的听觉对象。这一过程的背后，涉及多感官的交互作用以及神经领域中的"自上而下"和"自下而上"的认知过程[89,90]。因此，声景研究需要更多地关注人在声环境中的感受，而生理指标便是其中的观测手段之一。

综上所述，声景是听者对由场景、声源组成的声环境的整体感受。声景作为人对环境感受的整体，既包括环境中消极、恼人的噪声，也包括容易被人忽视或无法引起特殊情感的中性声音，当然也包括环境中令人感到放松舒适的积极正面的声音。因此，在声景研究领域，研究者十分关注声景中各声音的类型及其所处环境的类型，因为不同的环境和声源会带给人不同的心理感受，并引发相应的情绪和生理反应。

声景中的声音一般都由多种声源混合而成。声景是基于听者所处的环境位置，经过听者根据自身的经历和知识对环境和声音进行的理解，进而形成的一种独一无二的听觉感受。本书在研究中需要对复杂的声环境进行控制，才能定量地研究声景的生理效应，下面从 3 个方面对声景概念中需要定义并控制的要素进行说明。

①场景。场景是声景的空间载体,脱离了场景,声景就变为纯粹的声音刺激。场景往往具备一定的功能,因此会使人在场景中产生特定的情绪。比如人们在自然的场景中往往会感到舒适,而在交通场景中会感到烦躁。此外,场景中视觉、嗅觉等其他感官也会影响人的感受。本研究的场景集中在城市公共开放空间,具体包括公园、广场以及步行街等场景。

②主导声源。主导声源又称前景声或信号声,是指在场景中包含确切含义的主体声源,比如交通场景中汽车的行驶声和鸣笛声就是主导声源。主导声源和场景相互结合,共同构建了声景的实际意义。场景中的主导声源在一般情况下和场景本身所传递的信息是一致的,即主导声源是属于该场景的,场景中的主导声源与场景不一致的现象很少发生,并且很容易令人困惑。比如,在鸟语花香的自然场景中,其主导声源是工厂的噪声,这种情况在现实中很难存在。因此,为了更好地研究生理效应的变化趋势,研究的场景和主导声源都是相互吻合的,不存在场景中出现与该场景违和的声音。此外,本研究中所选取的声源尽量单一且纯粹,以避免对过于复杂的声源所引起的生理反应难以区分和讨论的情况。

③背景声。背景声是指在场景中除了主导声源之外的声音,这些声音往往被人们从主观上忽视,比如交通场景中的风声。背景声在声压级上往往要低于主导声源,如果背景声的声压级过高,则背景声也将转换成前景声被人们注意到。此外,人们也会根据自己的主观意愿,关注到声景中的背景声,比如人们可以在嘈杂的餐厅中听出背景音乐,因此这一听觉效应也被称为鸡尾酒会效应(Cocktail Party Effect)。鸡尾酒会效应证实了人类可以依靠听觉注意机制,主动将听觉注意力在背景声与前景声之间进行转换。因此,为了突出主导声源的作用,本研究中所选择的声景中的背景声都十分微弱且稳定,因而不会影响主导声源的效应。

2.1.2　声景的分类方法

　　声景研究也注重对不同类型的声源进行分类,因为在很多情况下,人对声音的评价取决于声环境本身的意义,而非单纯的声学参数。比如舒缓的海浪声具有催眠的作用,清脆的鸟鸣声可以放松身心[76,77]。这些声音是依靠其声音的内在意义与人的认知和记忆产生共鸣进而起到积极效果的。因此,良好的声景分类标准可以对声景加以区分,在研究中需要分情况讨论不同的声音而非对所有声源一概而论。下面对常见的声景分类方法进行讨论。

　　声景学在创立之初就开始对声源进行分类研究。谢弗在开创声景理论的同时将声景从生态文化价值上分成了 3 类:基调声(Keynote sounds)、信号声(Signals)和标志声(Mark notes)。在他对声景的描述中,基调声是某一特定环境中的背景声,包括自然中的鸟鸣声、风雨声等声音;信号声是环境中的前景声,这些声音传达了明确内容的信息,具有很强的指示性,比如环境中的警报声、教堂的钟声等;标志声则代表了该地区特定文化的声音,这类声音构成了这一地区声景的独特性,包括该地区特有的方言以及独有的民族音乐等声音。显然,从以上论述可以看出,谢弗对于声景的理解和划分更多是基于文化背景因素。

　　法里纳(Farina)[92]对声景的分类更基于实际的声音种类,他将声景按照声音类型分为地质自然声(Geophonies)、生物声(Biophonies)和人工声(Anthrophonies)。其中地质自然声表示非生物的自然声,包括风雨、潮汐等地质自然现象产生的声音;生物声则表示除人类以外一切自然生物的活动及鸣叫声,包括鸟鸣、犬吠等声音;人工声则表示一切人类活动所产生的声音。法里纳对自然声进行了明确的分类,说明他更关注声景中的自然的积极效应,但对人工声的分类不够详细。实际上,在现实的城市公共开放空间中,人的声音以及包括交通噪声在内的各种机械噪声才是充斥在空间中的主导声源。若是将所有的人工声归为一类,那么城市公共开放空间中的绝大部分声景都无法继续被细分。

考虑到对声源进行分辨的重要性,学界目前已经提出了多套基于城市声源的分类方案。当被要求描述所处城市或区域中的声学环境时,人们往往会说出可听见的声音及其来源,并将环境质量与这些声音所赋予的含义联系起来[93]。除此之外,也有一些通过客观声学参数进行声景分类的方法。这些方法主要是根据声景的主观评价与客观参数之间的相关性来建立评价模型,或是运用大数据的方式对环境中的声学数据进行分类。目前采用的大数据分类方法主要包括神经网络[94]、蚂蚁聚类法[95]、层次聚类法[96]等。

在本书的后续研究中,对声景的分类主要采用基于声源类型的分类方法。选择该方法进行分类的原因主要有 2 个:首先,本研究的主要目的是分析人在典型声景中的生理反应,生理指标的观测是主要的数据收集手段,因此需要首先针对单一的典型声源进行分析,采用声源分类的方法更适合实验的预期假设;其次,对声源进行分类,是目前在声景的情绪和生理研究中比较常见的分类方法,通过对声音进行预先分类,可以更好地分析积极和消极声景在生理指标上的差异。因此,本书的研究将城市公共开放空间中的声景分成 4 类:生物声(Biological sound)、地质自然声(Geophysical sound)、人为声(Human sound)和机械声(Mechanical sound)[97]。其中生物声包括所有动物发出的声音;地质自然声包括天气现象和自然景观发出的声音;人为声主要是人活动和交流时发出的声音;机械声主要是各种工程机械和交通工具发出的声音。

2.1.3 城市公共开放空间声景样本的选择

基于前一节中讨论的声景分类方法,本节对城市公共开放空间中的典型声景进行了筛选。具体的筛选方法包括以下 3 个方面:

①文献研究。将前人已发表的研究文献中提到的典型声景进行总结,文献中提到的这些典型声景往往更具有实际的研究价值。比如在对水声景的研究中发现,水声等自然声景对交通噪声具有掩蔽作用。通过这一步骤筛选出的声景样本是声景研究领域在城市公共开放空间中的研究重点。

②群众访谈。对哈尔滨、大连以及南京 3 个城市内的 30 余人进行深入访谈，主要提取民众在日常生活中最经常光顾的城市公共开放空间，以及在这些场景中经常听到的声音。通过这一步骤筛选出的声景样本是城市居民最常听到并且最为关注的声音。

③专家咨询。将按前两个方法搜集到的声音与场景进行整理，与声景领域的专家小组讨论，并将所提到的相似声景合并，并谨慎地去掉不具有代表性的声景。

最终，本研究共搜集并整理出 20 种城市公共开放空间中的典型声景，并采用地质自然声、生物声、人为声和机械声这 4 种类型对其进行分类。这 20 种声景代表了城市公共开放空间中最为常见并最具有代表性的声学环境。具体的声景类型及其空间场景如表 2.1 所示，表中分别对各种声景的场景和主导声源做了描述。

表 2.1　研究中涉及的典型声景素材

声景类型（代码）	场景	主导声源	代码
地质自然声（Geo）	海浪	海浪声	OW
	喷泉	水声和交谈声	FT
	风吹树叶	树叶沙沙声	LR
	小瀑布	水声	SW
	暴雨	雷雨声	RN
	风铃	风铃声	WC
人为声（Hum）	临街店铺	交谈声和广告声	NS
	合唱团	合唱声和音乐声	CH
	广场舞	音乐声和活动声	SD
	篮球场	活动声和交谈声	BC
	儿童嬉戏	儿童叫喊声	PC
	早市	叫卖声和交谈声	FM

续表

声景类型(代码)	场景	主导声源	代码
机械声(Mech)	道路清洗	机械噪声	RC
	高速路	车辆行驶声	HW
	十字路口	车辆行驶声和鸣笛声	CR
	道路维修	机械(打桩机)噪声	RM
	风机	风扇声	VL
生物声(Bio)	鸟鸣	鸟鸣声	BS
	蝉鸣	蝉鸣声	CC
	寂静街道	鸟鸣声和虫鸣声	ES

根据不同的实验设计,在后续的章节中将采用不同的声景素材进行研究。每个场景的现场图片见附录1。

由表2.1和附录1可知,本研究所选取的声景涵盖了城市生活的诸多方面。由于本研究的主要目的是探求人在声景中的生理效应,因此选择的声景中主体声源比较单一,没有涉及交叉分类的情况。其中,大部分场景中的声源是多方向的,没有明确的指向性,但涉及水声的场景(海浪、喷泉和小瀑布等)除外。在这部分场景中,水声声源的指向性与素材中突出显示的与水相关的场景是一致的,因此这部分声景可能使人的注意力更加集中。此外,研究所涉及的所有实验中,视觉呈现的场景和听觉上录制的声音都是一一对应的,这是因为本书主要是研究真实场景中人的生理变化,并不涉及对声音场景的虚拟控制或视听错位下人的反应。本书所有实验中的声景刺激均在以上20种声景中进行选择,具体的刺激呈现方式和实验设计方法将在相应的章节中进行介绍。

2.2　生理效应及其研究方法

生理学的研究范围十分宽广,不同研究领域对生理效应的定义也有很大差别。本书在 1.4.1 节中已经明确了生理效应的研究范围,即短时间内的人体生理反应。这些生理反应大多十分灵敏,并且需要通过电生理学的研究手段进行观测。因此,本节需要对电生理学的基础理论进行探讨,明确哪些生理指标对环境及声景敏感,并对这些指标的反应机制进行阐述。

2.2.1　电生理学的基础理论

人们对电生理的研究从两个多世纪以前就开始了,意大利医生路易吉·阿洛伊西奥·伽伐尼(Luigi Aloisio Galvani)在一次解剖实验中发现了青蛙肌肉的颤动,进而提出了"生物电"这一专业术语。在研究早期,科学界对生物电现象保持怀疑,主要的怀疑者是亚历山德罗·伏特(Alessandro Volta),他认为这有可能是一种热释电现象。生物电信号的原理就在两位先驱相互尊重又争议不断的过程中发展起来。随着科学技术的进步,现在生物电现象已经被解释清楚,这类关于肌肉及其他器官发出电信号的研究领域被称为电生理学(Electrophysiology)[98]。电生理学是一门研究生物体受神经电信号作用及生物体发生放电现象的一门科学,是生理学的一个分支。

生物放电现象是神经肌肉细胞等细胞的细胞膜中钠、钾离子进行跨膜运动时产生的动作电位引起的。身体中各个器官在受神经调节的同时,几乎都会发生有节律的放电现象,这些现象通过一系列放大电路可以达到可观测的水平,进而可以在一定程度上反映人体的生理状态。由于生物的电信号十分灵敏且真实,故其经常在医学和心理学等相关研究领域中作为观测人体生理状态的可靠手段[99]。

为了将生物电信号稳定地记录下来,生理测量仪器起码需要由电极、放大器和显示器 3 部分构成。其中电极作为良好的导电体,将微弱的生物电信号导出;放大器由一系列放大电路构成,由于人体的生物电信号都十分微弱,一般只有毫伏级别,因此放大器负责将电信号进行滤波增益等;显示器负责将放大后的电信号呈现并记录下来。

电生理学将生理反应以电信号的形式进行观测和收集,将原本只能定性描述的生理反应定量化。随着技术的不断发展,自20世纪60年代起,计算机的运算能力不断提高,电生理技术已经逐渐从侵入式观测转变为无损伤检测,从原有的纸张记录形式转变为电子记录形式。本书中所用到的生理记录仪器为BIOPAC公司生产的MP160生理记录仪,该仪器具有以下3个方面优势:①时间精度和测量精度高;②能够以模块化的方式实现对多种生理指标同时观测;③专业接口能够与E-prime刺激呈现软件连接,能够支持本书后续研究中的精确实验控制。

2.2.2 人的生理反应调节机制

生理反应大多依靠神经和激素调节。其中神经调节通过电信号进行传输,信号从一个神经的神经元传输到神经末梢。神经末梢之间则通过激素刺激传输,将信号从一个神经传递到另一个神经。因此,生理反应的调节方式一般统称为神经-体液调节。

人在环境中的电生理反应主要依靠交感神经和副交感神经进行调节。从生理学角度来看,声信号是我们在外部环境中可检测到的环境变化,它可以引发人体的一系列无意识反应,从而使人体的稳态(体内的动态平衡状态)失去平衡。这些反应在面临相似情况的人群中是相似的,也是自动的,并由交感神经系统(Sympathetic Nervous System,SNS)进行调节;相反,则是副交感神经系统(Parasympathetic Nervous System,PNS)持续活跃以维持体内的动态平衡。长期以来,科学界一般认为交感神经系统和副交感神经系统都是自主神经系统(Autonomic Nervous System,ANS)的一部分[100]。

在听觉神经的认知过程中,携带着听觉信号的大脑区域协调着大脑对听觉刺激的反应方式,并且可能存在分离信息的途径。从耳蜗到听觉皮层的上升听觉系统已被证明可以对声音的物理或声学特性做出响应,并且在这一阶段听觉系统不能细致地区别声音的情感内容或声音的背景[101]。几乎是同时,边缘系统(情感性大脑)中的某些区域,例如杏仁核和岛状区域(被称为"突显网络"的核心枢纽),参与处理听觉刺激的情感强度。中枢神经系统响应着从两个上升路径中获取的听觉信息,将其整合并最终形成了人对声音信号的完整感知[102,103]。

　　人类生理反应的调节机制具有以下两方面的特点:首先,生理反应的调节是一种动态平衡,动态平衡是指在正常生理情况下发生的调节[104]。在这种情况下,身体可以有效应对各种挑战。这意味着在生物体的进化史中也存在着类似的挑战,从而使抵抗它们的有效反射的补偿反应得以发展。其次,生理反应具有一定的学习机制,换句话说,生理反应的调节是预先通过先前的经验进行调控的。近几十年的认知学研究结果表明,有机体利用过去的经验是更可取的,实际上也是更为普遍的,它可以利用过去的经验使其能够为潜在的挑战做好准备,并在潜在的挑战发生之前对其加以缓解。实现生理机能的机制未得到充分认识、调节是预期的反应,可以为即将发生的生理相关刺激提供更好的补偿或准备。

　　由于人体的稳态机制的存在,生理反应一般都是十分微弱的。例如,健康人的脉搏一般不会在静息态下有剧烈的变化。但同时,人的生理反应也在不停地对人所处的环境进行反馈。因此,环境的变化会对人的生理信号造成改变,而人体又在所处的环境中不断地调节生理信号以达到自身的稳定状态。在本书后文中对生理反应的讨论,就是观察人的常见的生理信号在不同环境中的变化,进而总结出相应的变化规律。

2.2.3　生理信号的选择

　　本书 1.4.1 节中已经明确界定了生理信号的概念,在本节中,将分别讨论后续实验研究中涉及的常见生理信号,分析这些信号的常见生理指标的计算方式,以及生理指标与情绪、压力等生理状态的关系。

2.2.3.1 心电

心电是指在心脏的每个心动周期中生物电信号的规律性变化,这些变化主要是由心脏内的起搏点、心房和心室的相继兴奋引起的。心电的研究主要有时域和频域两方面。

时域方面主要包括心率、R 波幅度和心率变异性(Heart Rate Variability,HRV)等参数。其中,心率通常是计算 1 min 内心动周期的次数(RR 间期个数);R 波幅度是通过计算每次心动周期中的 R 波与基线之间的幅值得出的;心率变异性是指逐次心跳周期之间差异的变化情况,由每两次 RR 间期之间的差值构成,一般用一段时间内 RR 间期的标准差表示。

心电的频域参数也是反映生理状态的重要参数,通过傅里叶变换将时域信号转换成频域信号,再分别计算各个频谱带中的功率谱密度,从而得到超低频、低频、高频和超高频 4 个频率带下的心电频域参数。其中,心率变异性的低频带(LF-HRV)、高频带(HF-HRV)以及低频与高频的比值(LF/HF-HRV)通常容易受环境以及情绪的影响。

因此,本研究中的心电指标包括心率、R 波幅度、心率变异性、低频心率变异性、高频心率变异性以及低频与高频的比值。在一般情况下,心率的变化与恐惧等情绪相关,同时也反映了人对压力的感受[105,106]。心率越高,表明人的生理状态可能越紧张。交感神经的激活或副交感神经活性的降低会导致心脏加速跳动,反之会导致心率减速。R 波幅度反映了心电信号的幅度,该值与血压值显著相关[107],并可以用作情绪分类的指标[108]。研究表明,人在唤醒度较高的音乐中 R 波幅度会降低,在镇静音乐中的 R 波幅度要显著高于唤醒度高的音乐[109]。因此,越低的 R 波幅度可能代表了越舒适的状态[110]。

心率变异性在本书中通过 SDNN 法(Standard Deviation of N-N intervals,SDNN)进行计算,该方法是计算全部窦性心搏 RR 间期(或称"NN 间期")的标准差。心率变异性的时域信号表明了副交感神经的活性,一般而言,心率变异性可以作为评估威胁、安全性以及压力的指标,压力的升高通常会使心率变异性降低[111]。因此,心率变异性越高表明人的状态越紧张,而心率变异性越低则表明人的状态越放松[112-114]。低频心率变异性和低频与高频心率变异性的比值表明了副交感神经的活性,它们的值越高表明人的状态越接近舒适和平静。高频心率变异性的变化正好相反,反映了交感神经的活性,其值越高表明人越紧张[115,116]。为了表述方便,在本书各章节中,将心率变异性中的频域信号——低频心率变异性、高频心率变异性以及低频与高频的比值分别简称为低频、高频和低高比。

2.2.3.2　脑电

脑电是人体头皮上相应位置的微弱电位信号的变化,不同的位置反映了不同脑区的大脑皮层的活动状态,听觉神经的反应主要和大脑中的颞叶区域相关[117,118]。脑电的研究主要包括时域、频域、时频域和空间域 4 个方面。脑科学研究是一门比较完善的独立学科,已有大量的研究方法,本书由于篇幅限制,仅对后续研究中所涉及的频域分析法进行描述。首先,将原始的时域信号转换至频域,获得频谱,再从中计算特征。根据频率带的不同,脑电信号可以分解为 5 个子频段:δ 波(1 ~ 4 Hz),θ 波(4 ~ 8 Hz),α 波(8 ~ 12 Hz),β 波(13 ~ 30 Hz),γ 波(31 ~ 45 Hz)[119,120]。

在对脑电波进行记录的同时,需要同时记录人体的眼电信号,以去除眼电伪迹。眼电是人体调节眼球运动过程中的电信号反应,显示了眼球周边的肌肉的紧张程度。检测眼球左右的电位差值可以观察眼球的水平位移,检测眼球上下的电位差可以观察眼球的垂直位移。这样观测,就可以捕捉到人体眼球的动作,进而研究人的注意力的走势。

眨眼频率与疲劳等身体状态相关,一般情况下,人在精力集中或压力状态下,眨眼频率会降低;而在放松或疲劳状态下眨眼频率会有所升高[121,122]。记录眼电的另一个作用就是去除脑电信号中的眼电伪迹[123]。由于眼电信号十分强烈,会干扰脑电信号的测量,一般在进行脑电数据处理时会先去除掉眨眼等眼电信号的干扰。对于本书中研究的脑电信号,在计算之前均去除了眼电伪迹。

本书研究中主要涉及脑电的生理指标为 α 脑电波和 β 脑电波,因为这两种脑电波是人在日常清醒状态下的脑电波的主要成分。α 脑电波的上升与人的愉悦和放松状态相关,而 β 脑电波的活跃状态被证实与人的思考活动相关。

2.2.3.3 呼吸波

呼吸波是对呼吸过程的记录,通常有两种形式的测量方法:一种是面罩式,另一种是绑带式。面罩式测量是将面罩扣在人体口鼻处,通过测量人体呼吸的气体量来进行测量。绑带式测量则将弹性绑带绑在人体胸前,依靠测量胸部的起伏间接测量呼吸过程。绑带式测量相比面罩式测量,无法计算出具体的呼气量,因为胸部绑带的幅度靠弹力计算,这与测量时绑带的预紧力度有关。但面罩式测量可能会给人体造成不适,还容易遮挡视线;不仅如此,呼吸面罩还很可能与脑电的测量电位冲突,影响脑电的测量精度与计算的准确性。因此,本书中采用绑带式测量进行呼吸波的测量。本书的所有生理数据都经过归一化处理,再进行统计分析,这一步将在最大程度上消除个体间在基础状态下生理指标的差异,同时也消除了绑带式测量过程中个体之间无法进行比较的不足。详细的归一化计算方法将在 2.3.2 节中描述。

本书中涉及的呼吸波生理指标主要有呼吸频率和呼吸深度两种。呼吸频率就是呼吸的快慢,一般情况下人在剧烈运动的情况下呼吸会变得急促。在静止状态下,呼吸频率与恐惧等情绪相关,恐惧和其他强烈刺激会使人的呼吸频率升高[124,125]。呼吸深度则表明了人每次在呼吸状态下的气体交换量,医学中一般将其定义为潮气量。该值与疲劳和放松等状态相关,人在疲劳或放松状态下,呼吸深度可能会升高[126,127]。

2.2.3.4 皮肤电阻

皮肤电阻是十分敏感的生理指标,本书中观测皮肤电阻的生理指标是每个刺激中皮肤电反应的最大值(Skin Conductance Level,SCL),人体的皮肤电阻值反映了人体皮肤的电活动情况。学界一般认为,皮肤电阻受交感神经调控,交感神经的激活会引起人体皮肤汗腺状态的改变,进而影响皮肤的电阻抗能力,从而造成皮肤电阻值的改变。皮肤电阻与紧张等情绪密切相关,此外,恐惧、愤怒以及焦虑等负面情绪的激活也会使皮肤电阻值升高[128-130]。

由于人体指尖皮肤中汗腺分布十分密集,一般情况下,人体两根手指之间的电阻值代表皮肤电阻。本书中以测量的被试的非利手的食指和中指之间的电阻值代表该被试的皮肤电反应。

2.2.3.5　体表温度

体表温度测量是一种非侵入性的人体温度测量方法,其通过对体表部分区域的温度检测来反映人体体温的变化。通常情况下人的体温是恒定的,在疾病(尤其是炎症)或应激状态下会有所升高。此外,体温的变化与人的日常生理周期相关,一般情况下人体体温在夜间会偏高,早上会偏低。本研究所采集的皮肤区域为人体手背的体表温度,其值要比人体的体内温度低。体表温度与交感神经关系密切,交感神经激活可以使末梢血管收缩,因而体表温度会降低[131]。还有一些研究表明,体表温度的变化与恐惧和愤怒等情绪相关,但尚无文献反映体温与放松状态之间是否存在明确的相关性[132,133]。

综上所述,本节中对人体生理效应中反应较为敏感且无须侵入的生理信号进行了总结和分析。如表 2.2 所示为本书后续研究中涉及的生理信号和生理指标。

表 2.2　本书后续研究中涉及的生理信号和生理指标

生理信号	生理指标	英文缩写
心电	心率	HR
	R 波幅度	R
	心率变异性	HRV
	低频心率变异性	LF-HRV
	高频心率变异性	HF-HRV
	心率变异性低频与高频比	LF/HF-HRV

续表

生理信号	生理指标	英文缩写
脑电	α 脑电波	α-EEG
	β 脑电波	β-EEG
呼吸波	呼吸频率	RF
	呼吸深度	RD
体温	体表温度	ST
皮肤电信号	皮肤电阻	SCL

2.3 声景生理效应实验研究方法

由于前一节中总结的生理指标都十分灵敏,如果在室外进行现场生理指标测量将会造成很大误差,并且很难对室外的环境进行精确控制,实验的整体精准度便会下降。这就需要在对环境变量进行精确控制的同时,将声景以最真实的方式在实验室中还原。因此,本节中将讨论如何录制声景、如何在实验室呈现声景以及如何测量生理反应。

2.3.1 声景录制方法

近几十年来,学界通过分析和理解真实和虚拟环境中的声景,使得声学环境的录音方法技术不断提升,为声景研究奠定了技术基础。实验室研究中运用的声音记录需要捕获足够的声学环境特征以实现感知的准确性。为此,研究者必须考虑录音的两个方面:声音音色和空间质量。通常,录音的音质在很大程度上取决于麦克风的电声学特性,例如频率响应、方向性、阻抗、灵敏度、等效噪声水平等。在本节中将综述目前声景领域中主流的音频录制技术,并讨论如何选择最合适的方法应用于声景的生理效应研究中。常见的声景领域音频记录技术有以下 4 种方式。

①环绕声录制。该技术可以根据研究需要,在麦克风阵列中以一个、两个或任何个数的麦克风组合的形式进行录音。与传统的单麦克风录音相比,立体声录音可以在声场中提供更多的空间信息,包括方向感、距离感、声场的整体感和环境感[134,135]。

②麦克风阵列录音。该技术由一组麦克风阵列组成麦克风墙,这些麦克风墙可直接连接到播放端上匹配的扬声器阵列,通过麦克风阵列和扬声器阵列之间的良好匹配,重新创建的声场会更加逼真[136-138]。根据麦克风阵列在录制过程中是移动的还是静止的,该技术被分为移动麦克风阵列和静态麦克风阵列两类。移动麦克风阵列可用于静态或移动的声音事件。对于静态声音事件,麦克风阵列的移动会创建多个虚拟阵列或扩大阵列,以便获取有关声场的更精确信息。

③双耳录音。双耳录音是立体声录音的扩展形式。理想情况下,双耳录音只能捕获在左右耳位置接收到的声音(模拟人耳的鼓膜和听众的耳道阻塞或开放的入口)[139]。因此,双耳录音是声音通过校准耳机播放时最接近人类听力的格式[140]。通过在耳膜位置记录声音,它会自动将声音定位所需的所有线索嵌入三维的声学空间中[141]。

④立体声录音。立体声录音(Ambisonics)是一种在球面麦克风环绕中记录和再现声场音频的方法。本质上,立体声是一种多声道环绕声格式,包含任何其他环绕声录制格式所要求的信息及播放配置要求。这意味着录制的声信号可以在任何播放设备中使用。该技术具有全包围的能力,涉及空间中单个点声源的高度和深度[142-144]。

除上述基本介绍以外,4 种常见的环境声音的记录方式都有各自的优缺点[145],对各种声景录制方式的比较如表2.3 所示。

表2.3　各种声景记录方式的比较

录音技术	优势	缺陷
环绕声录制	传统记录方法	无法获得3D声场
	广泛应用于工业	不支持耳机
	可直接播放	不支持头部移动
麦克风阵列录音	专注于不同声场的某些声音	需要大量麦克风
	支持头部运动	需要复杂的信号处理
双耳录音	最接近人类听力 通过耳机直接播放	需要专业设备 不能支持头部移动 非个性化声音渲染
立体声录音	仅4个麦克风记录三维声场	不适合音乐类的声音
	成熟的录音回放的数学模型	需要高阶的混响度,提高性能
	高效的交互式应用程序	缺乏国际标准

图2.1　双耳录音设备(便携4通道录音)　　图2.2　视频录制设备(全景照相机)

　　由表2.3可知,双耳录音和立体声录音都可以对三维声场进行很好的采集,是实现本书研究中声景录音的较好的解决方案。虽然全景声的录制可以带给听者更好的声音反馈,被试在场景中可以通过调整头部的角度来聆听不同位置的声音,但是,由于本书主要研究声景的生理反应,而大部分生理指标十分灵敏,因此在实验过程中,被试被要求尽量不能移动身体。相比之下,双耳录音可以在最大程度上接近人类的听觉。因此,本书后续研究中的所有录音均通过双耳录音设备录制。实验中用到的双耳录音仪器如图 2.1 所示。

声觉并不是声景中的唯一感觉,声景中视觉等其他感觉同样重要。因此,本书的实验中也对每个声景片段进行了视频的采集。在视觉采集技术上,本书采用 GoPro 高清全景摄像机对声景进行视觉记录,如图 2.2 为实验中使用的视频录制仪器。

2.3.2　生理测量及计算方法

2.3.2.1　生理数据的采集

生理信号的测量采用 BIOPAC MP160 系统进行采集,采集的生理指标包括心电(左手腕正极,右手腕负极,右脚接地)、脑电(连接大脑额叶两侧)、眼电(连接左眼上侧为正极,左眼下侧为负极)、呼吸波(通过呼吸绑带固定在胸部)、皮肤电阻(连接非利手的中指与无名指)和体表温度(连接非利手的手背)。

除了测量呼吸波采用专业的呼吸绑带、测量体表温度用温度探头外,其他生理指标均采用标准医用镀银电极片(Ag/AgCl)连接在皮肤上。表 2.4 为各项生理信号的连接位置的说明。

表 2.4　各项生理信号的连接位置

生理信号	硬件模块	正极位置	负极位置	接地极位置	测量单位
心电	ECG100C	左手腕内侧	右手腕内侧	右脚脚踝	毫伏(mV)
脑电	EEG100C	额叶左侧	额叶右侧	—	微伏(μV)
眼电	EOG100C	眼睛上侧	眼睛下侧	—	毫伏(mV)
呼吸	RSP100C	胸部绑带	—	—	—
皮肤电阻	EDA100C	非利手中指	非利手无名指	—	电阻(μS/V)
体表温度	STK100C	非利手手背	—	—	摄氏度(℃)

表 2.4 中只有心电模块的电极标明了接地极位置,这是因为在同时测量的

过程中各个模块是串联在一起的,所有模块的接地极位置是统一的,因此只需确定心电的接地极位置即可。此外,呼吸波在信号接收端以电压伏特(V)为单位,但由于个体差异,在测量呼吸模块时只是将呼吸波转换为电信号进行记录,其单位本身并没有实际意义。在后续各章节的研究中,涉及的生理信号的记录和检测方法都以本节的为标准。

2.3.2.2 生理数据的计算

本书通过生理记录仪的 STP100C 模块将实验中的刺激信号发送给 BIOPAC 的采集系统以标记时间,采集的生理信号通过 AcqKnowledge 5.0 软件分析,最终可得到心率(R 波波峰周期值的倒数)、R 波幅度、心率变异性(SDNN 法计算)、心率变异性中的频域值(包括低频、高频和低高比)、α 脑电波(去眼电伪迹后经过 8 ~ 13 Hz 滤波的主频率)、β 脑电波(去眼电伪迹后经过 14 ~ 30 Hz 滤波的主频率)、呼吸频率(呼吸波以峰值到峰值的标准计算得出的频率)、呼吸深度(呼吸波的平均波幅)、体表温度和皮肤电阻共 12 项生理指标。以下对部分生理指标的计算方式进行说明。

对心率变异性的计算采用 SDNN 法[146,147],该方法的具体计算见公式(2-1)。

$$SDNN = \sqrt{\frac{1}{N-1}\sum_{j=1}^{N}(RR_j - \overline{RR})^2} \tag{2-1}$$

式中,N——所计算时间段内心跳的总次数;

RR_j——第 j 次心跳过程中的 RR 间期;

$\overline{RR}$——所计算时间段内心跳过程 RR 间期的均值;

$SDNN$——所计算时间段内心率变异性的值。

对心率变异性频域的计算首先需要通过快速傅里叶变换(Fast Fourier Transform,FFT),将时域信号转换成频域信号,再通过设定的频率段,计算相应的功率谱密度(Power Spectral Density,PSD)[148,149],功率谱由公式(2-2)计算。

$$s(f_{\text{low}}, f_{\text{high}}) = \left(\frac{S_1}{2} + \sum_{i=2}^{i=|S|-1} S_i + \frac{S_{|S|}}{2}\right) \times \frac{(f_{\text{high}} - f_{\text{low}})}{|S|-1} \tag{2-2}$$

式中, $|S|$——集合中元素的数量;

f_{low}——指定频率段内的频率下限;

f_{high}——指定频率段内的频率上限;

s——指定频率段内的功率谱密度。

之后,分别定义超低频、低频和高频功率谱的计算公式,即公式(2-3)、公式(2-4)、公式(2-5)。

$$s_{\text{vlf}} = s(vlf_{\text{low}}, vlf_{\text{high}}) \tag{2-3}$$

式中, vlf_{low}——超低频率段下限,本书取 0 Hz;

vlf_{high}——超低频率段上限,本书取 0.04 Hz;

s_{vlf}——超低频率段功率谱密度。

$$s_{\text{lf}} = s(lf_{\text{low}}, lf_{\text{high}}) \tag{2-4}$$

式中, lf_{low}——低频率段下限,本书取 0.04 Hz;

lf_{high}——高频率段上限,本书取 0.15 Hz;

s_{lf}——低频率段功率谱密度。

$$s_{\text{hf}} = s(hf_{\text{low}}, hf_{\text{high}}) \tag{2-5}$$

式中, hf_{low}——低频率段下限,本书取 0.15 Hz;

hf_{high}——高频率段上限,本书取 0.4 Hz;

s_{hf}——高频率段功率谱密度。

再通过公式(2-6)、公式(2-7)和公式(2-8)分别计算出低频心率变异性、高频心率变异性和低频与高频心率变异性的比值[150]。

$$LF\text{-}HRV = \frac{s_{\text{lf}}}{s_{\text{vlf}} + s_{\text{lf}} + s_{\text{hf}}} \tag{2-6}$$

式中, $LF\text{-}HRV$ = 低频心率变异性。

$$HF\text{-}HRV = \frac{s_{\text{hf}}}{s_{\text{vlf}} + s_{\text{lf}} + s_{\text{hf}}} \tag{2-7}$$

式中, $HF\text{-}HRV$ = 高频心率变异性。

$$LF/HF-HRV = \frac{LF-HRV}{HF-HRV} \qquad (2-8)$$

式中，$LF/HF-HRV$＝低频与高频心率变异性的比值。

2.3.2.3 生理数据的归一化

由于个体之间生理信号的基准值存在较大差异，这与每一个人的身体基准状态相关。比如经常长跑的人的心率普遍较低，而以实际的心率来进行数据分析将产生巨大的个体差异，影响实验结果。本书研究的目的是探究生理指标与声景之间的关系，需要分析个体间的统一趋势而非彼此的差异性。因此，需要对所涉及的生理指标进行归一化处理[151,152]。在实验数据中，将 3 次间歇阶段的平均值作为静息态的基准值，再将每一个生理数据均转化成其与静息态基准值的差值的百分比，根据公式(2-9)计算。

$$PC = \frac{RV-BV}{BV} \times 100\% \qquad (2-9)$$

式中，RV——生理指标的实际值（单位如表 2.4 所示）；

BV——静息态下生理指标的平均值（单位如表 2.4 所示）；

PC——归一化后的生理指标（百分比）。

通过上述公式的转换，所有被试的数据都将与其自身的静息态相比较，转换后的数据不再具有实际单位，而是转变为与静息态的比值。在后续研究中的各个实验中，如无特殊声明，实验中的生理指标均为归一化处理后的结果。

2.3.3 声景设计和呈现方法

声景片段通过前文的方法采集和处理之后，将通过 E-prime 软件进行编辑处理。该软件是心理生理学领域十分常见的软件，它通过编程的方式将声景片段编辑为实验中的刺激片段[153,154]，并通过 BIOPAC 仪器的硬件接口，将 E-prime 软件中的刺激信号以时间戳的形式在生理指标数据中进行标记。

如图 2.3 所示，E-prime 软件可以以刺激呈现的形式对视频与音频进行编辑,并通过程序设定来设计刺激呈现的随机过程。同时也可以通过其自身的编程语言,将刺激出现的时间以节点标记的方式传输到生理记录仪中。由于 E-prime 软件的程序以电信号的方式对硬件进行程序操作,因此可使实验的时间精准度达到毫秒级别。此外,实验中所涉及的主观评价量表也通过 E-prime 软件进行编辑并呈现给被试,如图 2.4 所示为实验中的问卷呈现示例。实验中视觉因素由三星电视(UA75H6400)呈现。

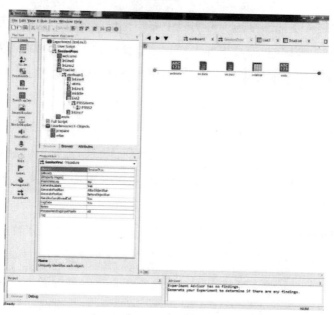

图 2.3　E-prime 软件编辑的实验刺激示意图

图 2.4　问卷呈现示例

2.3.4 实验被试的选择和招募方法

研究中涉及的被试主要是在校本科生和研究生,也有少部分在研究所工作的年轻研究员。被试的年龄分布在 16 ~ 40 岁,主要集中在 20 ~ 25 岁。选择年轻人作为被试群体主要是因为年轻人整体上身体较为健康,对声音的反应也比较敏感。并且这一阶段的年轻人对声环境具有一定的理解能力。相比年幼者和老年人,年轻人更能清晰地理解实验中需要完成的任务。实验中的被试虽然无法代表所有年龄层面,但其生理指标的变化趋势代表了健康群体对声景的生理反应。除了年龄上的要求之外,本书中招募的被试还需要满足以下 4 个方面的条件:

①听力正常。被试需自述听力正常,无任何形式上的听力障碍。

②实验前未服用精神类药物。为保证被试能够以正常的心理状态接受实验,被试需自述精神状态正常、无心理疾病,也没有服用精神类药物,且无任何认知功能上的障碍。

③实验时衣着宽松舒适。在实验中被试需要穿着宽松的服饰,一方面是为了测量的方便,另一方面是消除不舒适的服饰对生理造成的影响。

④实验时无明显的疲劳或不适。为避免疲劳对生理的影响,在实验前一天应有充分的睡眠,实验前两小时内被试不应进行剧烈运动,同时被试应避免患感冒等疾病。

被试主要通过校园内的两个实验信息平台招募,也有一小部分通过一名大学讲师在本科生课堂上的宣传招募。所有被试只能参加一次相同类型的实验,在实验之前,被试均清晰了解了实验流程并签署了知情同意书。研究中涉及的各项实验均由哈尔滨工业大学建筑学院学位委员会批准,符合伦理道德标准。

2.3.5 实验控制方法

研究中涉及的所有生理实验均在哈尔滨工业大学寒地建筑科学研究中心

的声学测听室内进行。测听室内封闭隔声,墙面上配有相应的吸声结构,从而减小测听室内的混响时间并降低房间内的背景噪声[155]。实验过程中,室内除必要的实验设备外,无其他干扰注意力的物体[156]。首先被试被要求舒适地坐在屏幕前 1.5 m 处,并调整坐姿、以最舒适的姿势充分放松。在放松阶段,主试解释实验的整体流程,问询被试的身体和精神状态。在被试充分理解并签署知情同意书后,主试按顺序连接 BIOPAC 生理测量仪,并为被试戴上耳机。

　　仪器连接完成后,主试首先对生理信号进行校准。待被试充分放松后,生理信号会逐渐趋于稳定,这时被试被要求继续放松 10 min 的时间,这一段时间的生理数据将作为该被试的静息态的基础值。之后,主试打开 E-prime 软件程序并离开测听室,到观察室进行观察。

　　实验的开始,程序由被试自主点击"开始"按钮,10 s 后实验自动进行。实验中声景片段随机呈现,每段声景根据不同的实验所呈现的时间和刺激间隔时间各不相同,具体的刺激呈现结构将在后续章节中分别进行说明。待所有声景全部呈现完毕,生理检测结束。主试重新进入测听室,取下耳机和电极,并要求被试继续填写主观恢复性问卷,问卷填写完成后实验结束。图 2.5 为实验过程中的现场照片,图 2.6 呈现的是实验结束后生理记录仪记录的生理信号。

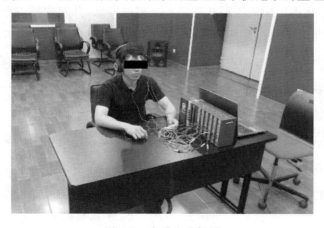

图 2.5　实验室现场图

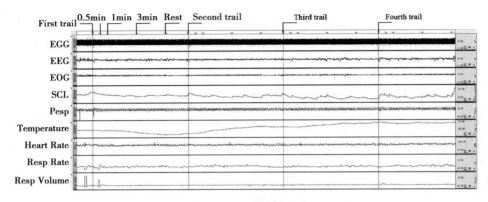

图2.6　生理数据图

2.4　本章小结

　　本章对现有声景理论及电生理学基础理论进行了综述和分析。首先,对声景的定义和构成进行了梳理,明确了声景中人、环境和声音共3个要素,并讨论了声景的常见分类方法及特征;确定了以生物声、地质自然声、人为声和机械声为范畴的声景分类标准,并通过访谈及前人文献综述,筛选出20种城市公共开放空间中的典型声景。其次,对电生理学的基础理论进行了讨论,明确了运用电生理学对人在声景中的生理状态进行观察的方法,并对常用的生理指标进行了综述,明确了各个指标与生理状态、情绪的关系;筛选出了后续实验中涉及的心电、脑电、呼吸波、体温和皮肤电阻等生理信号;明确了各个生理指标的计算方法,生理指标包括心率、R波幅度、心率变异性、低频心率变异性、高频心率变异性、低频与高频心率变异性比值、α脑电波、β脑电波、呼吸频率、呼吸深度、体表温度和皮肤电阻。最后,对实验室中进行声景生理反应实验的实验方法做了研究和设计,讨论了不同的声景录制和还原的方法;明确了声景刺激片段的录制方式——音频信号通过双耳录音设备进行录制,视频信号通过全景录像机进行录制;确定了实验需要的仪器和实验场地,明确了实验流程和刺激呈现方式。综上,本章的研究为后续的一系列实验室实验提供了研究范式。

第 3 章　声景中的时间因素
对生理效应的影响

在明确了声景生理效应研究方法后,需要在控制各种环境因素的情况下,对生理指标的敏感程度进行分析。本章主要从作用时间维度研究声景中的生理反应,旨在研究生理信号在时间和声景类型上的变化及其与主观恢复性量表之间的关系。通过在实验室中进行视听还原,结合声景感知恢复性量表,采集并分析心率、心率变异性等共 12 种生理指标。本章以全面的生理指标作为研究依据,具体解决以下问题:①随着进入声景的时间增加,生理指标会产生怎样的变化,以多长时间来观测生理变化是最合适的? ②不同的声景类型对生理指标产生了怎样的影响,这些影响是否有统一的趋势? ③生理指标和主观的恢复性评价量表之间的相关性如何?

基于以上研究问题,本章通过重复测量方差分析,研究时间因素和声景类型对生理指标的影响,并运用典型相关分析,研究生理指标与主观评价因子之间的相关性。

3.1　研究背景及实验细节

3.1.1　研究背景

本节通过对目前声景中时间因素的研究现状进行综述,进而提炼出本章的主要研究问题。目前已经有许多对声音刺激所产生的生理及情绪反应的研究。布拉德利和朗恩[40]是情感声音最早的研究者,同时也是情感声音库的建立者,但他们的实验中涉及的情感声音长度只有 6 s。其他学者的研究大部分是关于噪声和短暂的声音刺激的,例如谢泼德等人[41]对噪声敏感性产生的情感研究也只采用 6 s 的声音片段作为刺激样本;胡美亚和阿赫塔马德(Ahtamad)[43]关于愉悦度等主观情绪的研究也仅仅采用 8 s 的声音片段。一部分研究音乐刺激的论文也大多集中在生理带来的情绪研究上,因此实验的刺激时间也很短暂,比如在楚恩等人[42]对音乐引发的情绪变化的研究中,一段声音序列的长度为 15 s;萨姆勒[157]关于音乐的研究中,刺激的时间相对较长但也只有 1 min。

听觉的认知过程确实是十分短暂的,声音所引发的情绪也可以在极短的时间内被唤起。但是,本书的研究关注人在声景中的生理变化,除了一些受交感神经直接调控的指标外,大多数生理的变化并不是瞬时的,而是一个相对缓慢的变化过程。因此,在研究声景对生理的影响时,时间因素变得更加重要,十几秒的刺激时间很可能是不充分的。目前针对恢复性声环境对人体生理作用的研究还比较少,大部分是对环境恢复理论的验证。由于本书研究的重点不是情绪,实验中的刺激理应变得更长,例如,阿尔瓦尔森等人[77]对 4 种声景录音的生理反应的研究,梅德韦杰夫等人[76]对恢复性环境的生理反应的研究以及安纳斯泰特等人[78]对虚拟场景中生理反应的研究等。这些研究中声景刺激呈现时间和间歇时间的设计各不相同,现有的对声景的研究一般将声景刺激时长选取为 4 min 左右。

人在声环境中的生理反应受哪些因素影响? 如图 3.1 所示,本章主要从作用时间、声景变化和主观恢复性 3 个方面分析声环境下的生理指标,首先考虑生理指标的作用时间问题,探究各项指标如何随着时间产生变化;其次是探究声景类型对生理指标的影响,对不同的声景引发的生理指标进行检测;最后是研究生理指标和主观恢复性之间存在怎样的相关性。

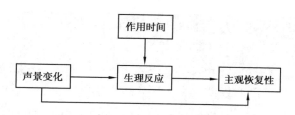

图 3.1　影响生理指标因素的研究假设

因此,本章旨在以更全面的生理指标作为研究方法,具体提出并解决以下 3 个方面的问题:①不同的生理指标随着人们进入声景的时间会产生怎样的变化,以多长时间来观测人在声景中的生理反应是最合适的? ②不同类型的声景对生理指标会产生怎样的影响,这些影响是否有统一的趋势? ③生理指标和主观恢复性量表之间存在怎样的相关性? 基于以上研究背景,本章通过数据分析,研究时间因素和声景类型对生理指标的影响,并探究生理指标与主观评价因子之间的相关性。

3.1.2　实验刺激

本章实验在 4 个常见的声景范畴(人为声、机械声、生物声和地质自然声)中各选取一个典型声景[19,96,158],分别为鸟鸣声(黎明时的树林中带有鸟鸣声)、海浪声(晴天平静时的无人海浪和沙滩)、街道声(室外步行商业街的匆忙行人发出的声音和叫卖声)、交通声(晴天下午高峰期的十字路口)。实验中声景采用视频与音频相结合录制,录制时设备与地面高度为 1.5 m。每个录制地点最终剪辑出 5 min 具有代表性的声景片段作为实验的刺激材料[159]。录制环境的差异,导致其背景声压级不同,因此在 Adobe Audition's 软件中对音频进行声压级的归一化处理,并用声学人工头进行校准,将每个音频的 5 min 等效声压级调整为 70 dB。实验中每段声景刺激随机呈现一次,音频通过森海塞尔耳机(RS170)播放。图 3.2 为实验中涉及的 4 种声音刺激片段的频谱图(频谱数据由 ArtemiS 软件计算得出)。

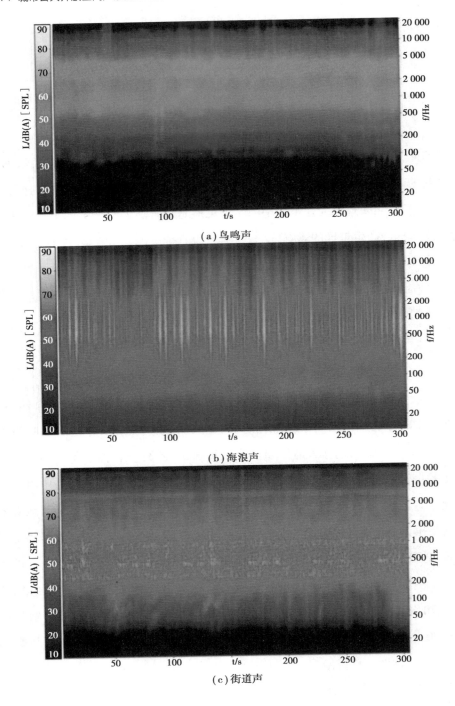

（a）鸟鸣声

（b）海浪声

（c）街道声

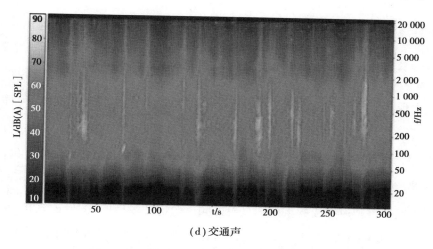

(d)交通声

图 3.2　4 种声景的频谱图(频谱随时间的变化)

为了更加清晰地比较 4 种声音在声压级分布上的差异,将 4 段声音的声压级随频率的分布图绘制在一张图表中,如图 3.3 所示。

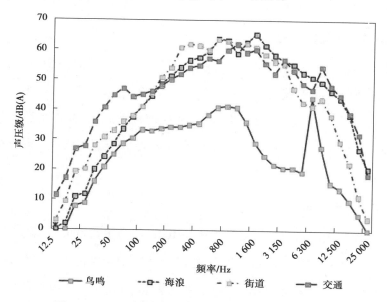

图 3.3　4 种声景的频谱图(声压级随频率的变化情况)

由图 3.2 和图 3.3 可知,鸟鸣声的频率比较高,大概在 7 000 Hz 有明显的峰值,说明本书所记录的鸟鸣声主要在这一频段,场景中背景声的声压级要远低于鸟鸣声。海浪声和交通声的频率带比较接近,但海浪声的频谱具有明显的规律性,这是海浪均匀地拍打在沙滩上造成的{在海浪声景[图3.2(b)]中频谱的图案大约每5 s重复一次,这是海浪的节奏;而在交通声景[图3.2(c)]中,虽然会出现相似的频谱条纹,但时间间隔是随机的,条纹的相似程度也不及海浪场景,这是因为黄色条纹的出现意味着汽车驶过时轮胎与公路之间产生了低频噪声,由于汽车驶过的概率是随机的,汽车的型号和距离也是随机的,所以汽车场景声音的规律性是不存在的{。除此之外,交通声中低频的成分更多一些,这是由车辆的行驶声构成的。而街道声的频率范围比较居中,大概在200~3 000 Hz出现平缓的峰值,其是由人的话语声和活动声构成的。由此可见,4种声景无论在声音的主观含义上还是在客观的声学参数上都有很大差异。

3.1.3　实验细节

3.1.3.1　实验参与者

本章实验参与者为66名在校本科生及研究生,平均年龄为21.82岁(标准差=3.438;最小值=18,最大值=31),其中男性32人,女性34人。由于本实验在分析中需要进行因子分析等降维处理,根据统计学原则,样本量达到问卷中问题数量的10倍以上为优,因此本实验至少需要50人完成实验,现有样本量相对充足。

3.1.3.2　主观恢复性问卷设计

本章实验采用声景感知恢复性量表(PRSS)作为主观恢复性问卷[75],该问卷能够全面有效地评价声环境的恢复能力[72,160,161],问卷最早的版本源于哈蒂格、科尔佩拉(Korpela)、埃文斯(Evans)和加里林(Gariling)于1996年联合编制并发表的感知恢复性量表(PRS),由于感知恢复性量表是对恢复性环境的整体描述而非针对声景,因此英国学者Payne将问卷中的描述词转换到针对声景研究的领域,同时保留了原有问卷中恢复性因子的成分。

问卷分为迷人性（Fascination）、引离性（Being-Away-To）、远离性（Being-Away-From）、兼容性（Compatibility）、一致性（Coherence）和范围（Scope）共 6 个部分。其中迷人性，又称魅力性，用来描述环境中具有注意力保持特性的能力，恢复性理论认为这种自然而然的吸引力会影响人在环境中的情绪心理体验，进而获得更深层次的心理恢复；引离性是指环境中的拉动因素，从其他环境转移到现在的环境中的能力；远离性是指环境中的推动因素，从现在的环境转移到其他环境中的能力，引离和远离是注意恢复理论中获得恢复效应的初始条件，如果环境可以带动个体注意力的转移，进而便能达到注意恢复的效果；兼容性是指环境和个人感受之间的共同性，一致性是指环境中的元素与其结构和组织的关联性，一致性和兼容性共同体现了个体与环境之间的和谐作用；范围用来表述恢复性环境的规模，不是物理空间上的尺度，而是指个体在感知层面上对环境的空间尺度和边界的感知程度。

问卷中每部分都由若干个小问题组成，总共 19 个问题。通过回答"你对这一陈述的认同程度"，对每个问题以 5 分制进行衡量。详细的问卷内容见附录 2。问题由 E-Prime 软件编辑，由受试者看着电脑屏幕并在测试结束前点击答案来回答。

3.1.3.3　实验流程

在本章实验中，4 个典型声景随机呈现，每段声景呈现 5 min，两段声景间隔 90 s，待 4 个声景全部呈现完毕，生理检测结束。主试重新进入测听室，取下耳机和电极，并要求被试继续填写主观恢复性问卷，填写完成后结束实验。

3.1.3.4　数据处理过程

本章实验采用 SPSS 25.0 软件作为数据分析软件，具体的分析方法包括：

①对生理指标采用重复测量方差分析检测不同时间段和不同声景类型下的差异性。

②对主观量表进行信度和效度检测，并通过因子分析拟合成主观评价

因子。

③将生理指标和主观评价因子进行典型相关分析。

3.2　时间与声景类型对生理指标的影响

本节通过构建重复测量方差模型来研究时间因素和声景类型对生理指标的影响,将每个被试在每段声景中 0.5 min、1 min、3 min 和 5 min 内的平均生理指标数据分别进行分析,得到 4 个时间段内的生理反应数据,以此作为模型中的时间因素。之后,对不同声景下的生理指标进行事后检验,以比较它们之间的差异。

3.2.1　生理指标受时间和声景类型的影响

分别将 0.5 min、1 min、3 min 和 5 min 共 4 个时段的各项生理指标作为主体内因子,在 SPSS 25.0 软件中将其定义为时间变量,再将 4 个典型声景类型作为主体间因子进行重复测量方差分析。下面分别对各个生理指标的方差模型进行讨论。表 3.1 为对心率进行重复测量的多变量检验结果。

表 3.1　时间与声景类型对心率的影响

效应	值	F	假设自由度	误差自由度	显著性
时间	0.134	13.262	3	258	<0.001
时间 * 声景类型	0.137	4.155	9	978	<0.001

表 3.1 中的多元方差统计量采用比莱轨迹(Pillai's Trace)统计量,与其他统计量相比,比莱轨迹的统计量最为稳健,下文中其他重复测量方差模型的统计量均采用比莱轨迹进行分析。由表 3.1 可知,不同暴露时间段内的心率存在显著差异($p < 0.001$),并且不同的声音类型之间也存在显著差异($p < 0.001$)。

表 3.2 为对心率进行重复测量的莫奇来球形检验。莫奇来球形检验是对重复测量方差模型的验证,用以分析各时间段内的数据是否具有一致性。

表 3.2　心率数据的莫奇来球形检验

主体内效应	莫奇来系数(W)	近似卡方	自由度	显著性	校正系数
时间	0.225	386.473	5	<0.001	0.550

由表 3.2 可知,莫奇来球形检验结果中 $p<0.001$,说明数据不服从球形假设,各次重复测量的结果之间是相关的,分析应当以表 3.1 中的多变量检验为主要依据。表中的校正系数为格林豪斯-盖斯勒系数(Greenhouse-Geisser),该系数既不过于保守又不十分敏感,下文中的一元方差矫正系数均采用格林豪斯-盖斯勒系数。表 3.3 为对 R 波幅度进行重复测量的多变量检验结果。

表 3.3　时间与声景类型对 R 波幅度的影响

效应	值	F	假设自由度	误差自由度	显著性
时间	0.045	4.026	3	258	0.008
时间 * 声景类型	0.085	2.533	9	780	0.007

由表 3.3 可知,不同时间段的 R 波幅度存在显著差异($p=0.008<0.050$),且不同声景类型在不同时间段内变化不同($p=0.007<0.050$)。说明时间和声景类型都会影响人在声景中的 R 波幅度。表 3.4 为对 R 波幅度进行重复测量的莫奇来球形检验。

表 3.4　R 波幅度重复测量的莫奇来球形检验

主体内效应	莫奇来系数(W)	近似卡方	自由度	显著性	校正系数
时间	0.063	715.825	5	<0.001	0.418

由表 3.4 可知,数据不服从莫奇来球形假设($p=0.000<0.050$),表明对 R 波幅度进行的各次重复测量的数据是相关联的,因此表 3.3 中的结果是有效

的。对不同时间段下的心率变异性进行重复测量方差分析,多变量检验的结果如表 3.5 所示。

表 3.5　时间与声景类型对心率变异性的影响

效应	值	F	假设自由度	误差自由度	显著性
时间	0.066	6.050	3	258	0.001
时间 * 声景类型	0.123	3.715	9	780	<0.001

由表 3.5 可知,不同时间段内的心率变异性存在显著差异($p = 0.001 < 0.050$),声景类型对心率变异性的影响也是显著的($p<0.001$)。说明时间和声景类型都会对心率变异性造成影响。对心率变异性的重复测量方差模型进行莫奇来球形检验的结果如表 3.6 所示。

表 3.6　心率变异性重复测量的莫奇来球形检验

主体内效应	莫奇来系数(W)	近似卡方	自由度	显著性	校正系数
时间	0.286	323.876	5	<0.001	0.582

表 3.6 的结果表明,数据拒绝球形假设($p<0.001$),说明重复测量的数据间存在关联。因此,表 3.5 中的模型是准确的。将 4 个时间段的低频数据作为重复测量因素进行重复测量方差分析,得到的多变量检验结果如表 3.7 所示。

表 3.7　时间与声景类型对低频的影响

效应	值	F	假设自由度	误差自由度	显著性
时间	0.639	152.536	3	258	<0.001
时间 * 声景类型	0.031	0.891	9	780	0.533

由表 3.7 可知,时间对低频存在显著影响,这说明不同时间段内的低频信号存在显著差异。但声景类型对低频没有显著影响,说明 4 种声景类型下人的低频信号可能没有差异。因此,在后续的事后检验和相关性分析中,将不再对

低频数据进行分析。表 3.8 为对低频进行重复测量的莫奇来球形检验。

表 3.8　低频重复测量的莫奇来球形检验

主体内效应	莫奇来系数(W)	近似卡方	自由度	显著性	校正系数
时间	0.493	183.145	5	<0.001	0.764

　　由表 3.8 可知,低频的数据拒绝了球形假设,说明重复测量的数据之间存在关联。因此表 3.7 中的结论是准确的。将 4 个时间段的高频数据作为重复测量因素进行重复测量方差分析,得到的多变量检验结果如表 3.9 所示。

表 3.9　时间与声景类型对高频的影响

效应	值	F	假设自由度	误差自由度	显著性
时间	0.527	95.786	3	258	<0.001
时间＊声景类型	0.032	0.926	9	780	0.501

　　由表 3.9 可知,高频数据与低频数据的结果相似。时间对高频的影响十分显著,但声景类型对高频的影响不显著,说明 4 种声景下人们的高频信号可能没有差别。因此,在后续的事后检验和相关性分析中,将不再对高频数据进行分析。表 3.10 为对高频数据进行重复测量的莫奇来球形检验。

表 3.10　高频重复测量的莫奇来球形检验

主体内效应	莫奇来系数(W)	近似卡方	自由度	显著性	校正系数
时间	0.234	376.247	5	<0.001	0.565

　　由表 3.10 可知,高频数据的莫奇来球形检验的结果是显著的,说明不同时间段内的数据存在关联,表 3.9 中的结果是准确的。将 4 个时间段的低高比数据作为因子进行重复测量方差分析,得到的多变量检验结果如表 3.11 所示。

表 3.11   时间与声景类型对低高比的影响

效应	值	F	假设自由度	误差自由度	显著性
时间	0.401	57.500	3	258	<0.001
时间 * 声景类型	0.030	0.871	9	780	0.550

由表 3.11 可知,时间对低高比的影响十分显著,说明不同时间段内的低高比信号存在差异,但声景类型对低高比的影响不显著,说明 4 种声景下的低高比可能没有显著差别。因此,在后续的事后检验和典型相关性分析中,也将不再对低高比数据进行分析。表 3.12 为对低高比进行重复测量的莫奇来球形检验。

表 3.12   低高比重复测量的莫奇来球形检验

主体内效应	莫奇来系数(W)	近似卡方	自由度	显著性	校正系数
时间	0.540	159.507	5	<0.001	0.725

由表 3.12 可知,低高比的莫奇来球形检验的结果是显著的,说明不同时间段内的数据存在关联,表 3.11 中的结果是准确的。将 4 个时间段的 α 脑电波数据作为重复测量因素做多元方差分析,得到的多变量检验结果如表 3.13 所示。

表 3.13   时间与声景类型对 α 脑电波的影响

效应	值	F	假设自由度	误差自由度	显著性
时间	0.004	0.378	3	258	0.769
时间 * 声景类型	0.131	3.947	9	780	<0.001

表 3.13 的结果表明, α 脑电波频率在 4 个时间段内没有显著性差异($p=0.769>0.050$),但不同的时间段内,声景类型的变化对 α 脑电波频率有显著影响($p<0.001$)。这说明人在声景中的 α 脑电波不会随时间发生变化,但声景类

型会对 α 脑电波造成影响。表3.14 为对 α 脑电波进行重复测量的莫奇来球形检验。

表3.14　α 脑电波重复测量的莫奇来球形检验

主体内效应	莫奇来系数(W)	近似卡方	自由度	显著性	校正系数
时间	0.120	549.243	5	<0.001	0.476

表3.14 的结果说明,数据不服从球形假设($p<0.001$),4 个时间段内的数据相互关联,表3.13 中的重复测量的模型是有意义的。将 4 个时段的 β 脑电波频率作为重复测量因子,得出的多变量检验结果如表3.15 所示。

表3.15　时间与声景类型对 β 脑电波的影响

效应	值	F	假设自由度	误差自由度	显著性
时间	0.228	25.439	3	258	<0.001
时间 * 声景类型	0.108	3.224	9	780	0.001

由表3.15 可知,时间变化对 β 脑电波频率有显著影响($p<0.001$),并且声景类型对 β 脑电波的影响也是显著的,说明时间和声景类型都会对 β 脑电波造成影响。表3.16 为对 β 脑电波频率进行重复测量的莫奇来球形检验结果。

表3.16　β 脑电波重复测量的莫奇来球形检验

主体内效应	莫奇来系数(W)	近似卡方	自由度	显著性	校正系数
时间	0.334	283.652	5	<0.001	0.616

表3.16 中的球形检验结果表明,重复测量的数据间存在关联,拒绝了球形假设($p<0.001$),说明表3.15 中的重复测量模型有意义。以 4 个时间段的呼吸频率数据作为重复测量因子,得到的多变量检验结果如表3.17 所示。

表 3.17 时间与声景类型对呼吸频率的影响

效应	值	F	假设自由度	误差自由度	显著性
时间	0.077	7.197	3	258	<0.001
时间*声景类型	0.102	3.035	9	780	0.001

由表 3.17 可知,不同时间段内的呼吸频率有显著差异($p<0.001$),说明时间因素会影响人的呼吸频率,不同的声景类型对呼吸频率有显著影响($p=0.001<0.050$)。相应的莫奇来球形检验如表 3.18 所示。

表 3.18 呼吸频率重复测量的莫奇来球形检验

主体内效应	莫奇来系数(W)	近似卡方	自由度	显著性	校正系数
时间	0.200	416.568	5	<0.001	0.531

表 3.18 的结果表明,数据未通过球形假设($p<0.001$),说明各次重复测量的数据间存在关联,重复测量的多因素方差模型是准确的。将 4 个时间段内的呼吸深度数据作为重复测量因子,得到的多变量检验结果如表 3.19 所示。

表 3.19 时间与声景类型对呼吸深度的影响

效应	值	F	假设自由度	误差自由度	显著性
时间	0.079	7.327	3	258	<0.001
时间*声景类型	0.099	2.966	9	780	0.002

表 3.19 的结果表明,不同时间段内的呼吸深度有显著差异($p<0.001$),且声景类型对呼吸深度也有影响($p=0.002<0.050$)。相应的莫奇来球形检验如表 3.20 所示。

表 3.20 呼吸深度重复测量的莫奇来球形检验

主体内效应	莫奇来系数(W)	近似卡方	自由度	显著性	校正系数
时间	0.174	451.775	5	<0.001	0.515

表 3.20 中的球形检验结果没有通过（$p<0.001$），说明各时间段内的呼吸深度数据间存在关联。将 4 个时间段内的皮肤电阻数据进行重复测量，得到的多变量检验结果如表 3.21 所示。

表 3.21　时间与声景类型对皮肤电阻的影响

效应	值	F	假设自由度	误差自由度	显著性
时间	0.322	40.862	3	258	<0.001
时间 * 声景类型	0.127	3.823	9	780	<0.001

表 3.21 表明，时间的变化对皮肤电信号有显著影响（$p<0.001$），不同的声景类型下，皮肤电阻值也不同（$p<0.001$）。皮肤电阻的莫奇来球形检验如表 3.22 所示。

表 3.22　皮肤电阻重复测量的莫奇来球形检验

主体内效应	莫奇来系数（W）	近似卡方	自由度	显著性	校正系数
时间	0.011	1 178.485	5	<0.001	0.366

表 3.22 中莫奇来球形检验结果为 $p<0.001$，说明数据不服从球形假设，数据之间存在关联。将 4 个时间段内的体表温度数据作为重复测量因子，得出的多变量检验结果如表 3.23 所示。

表 3.23　时间与声景类型对体表温度的影响

效应	值	F	假设自由度	误差自由度	显著性
时间	0.259	29.999	3	258	<0.001
时间 * 声景类型	0.059	1.745	9	780	0.075

表 3.23 中，时间因子的显著性为 $p<0.001$，说明时间的变化对体表温度有影响，但声景类型的变化对体表温度的影响并不显著（$p=0.075>0.050$）。相应的莫奇来球形检验如表 3.24 所示。

表 3.24 对体表温度重复测量的莫奇来球形检验

主体内效应	莫奇来系数(W)	近似卡方	自由度	显著性	校正系数
时间	0.019	1 023.365	5	<0.001	0.414

表 3.24 结果表明,4 次体表温度数据之间相互关联($p<0.001$),说明表 3.23 中的多变量检验是有意义的。

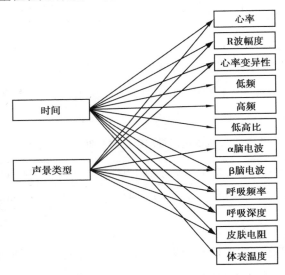

图 3.4 时间因素和声景类型对生理指标影响的方差模型总结

综上所述,所有生理指标的莫奇来球形检验都是显著的($p<0.050$),说明所有数据均不服从球形假设,各次重复测量结果之间是相关的,多重检验结果可信。将各生理指标的方差模型汇总,以如图 3.4 所示的形式表示,其中箭头代表因变量对自变量存在显著影响。由图 3.4 可知,除 α 脑电波之外,绝大部分生理指标受时间因素影响。声景类型因素会影响除低频、高频、低高比和体表温度以外的其他生理指标。

3.2.2 时间对生理指标的影响

由于方差分析只能得出时间等因素是否会对生理指标造成影响的结论,但

第 3 章 声景中的时间因素对生理效应的影响 / 067

无法直接得出这些影响的具体趋势,因此在本节中,通过对每个方差分析中的边际均值进行绘制,研究时间对各项生理指标的具体影响趋势。对每个模型中的因子交叉项计算边际均值,并绘制出折线图,图 3.5 所示为心率数据的重复测量方差模型的边际均值图。

整体来看,心率随时间的变化在前 3 min 内比较缓慢,与静息态相比有稍微下降的趋势,但在 3 min 后有明显的上升,5 min 时的平均值比静息态高 0.669%。4 种声景下心率的变化趋势各不相同。鸟鸣声景中心率随时间的变化最为明显,且鸟鸣声景中的心率要明显低于静息态。图 3.6 为 R 波幅度数据的重复测量方差模型的边际均值图。

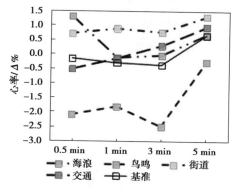 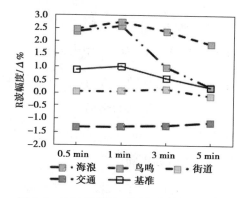

图 3.5　心率随时间和声景类型变化　　　图 3.6　R 波幅度随时间和声景类型变化

由图 3.6 可知,随时间的变化,R 波幅度在 1 min 时最高,比静息态高 1.016%;在 1 min 以后,R 波幅度逐渐降低。对于不同的声景类型,R 波幅度变化趋势稍有不同,交通和街道声景中其随时间的变化并不明显,但海浪和鸟鸣声景中其在 1 min 后的下降趋势十分明显。

图 3.7 为心率变异性的边际均值图。由图 3.7 可知,心率变异性整体随时间的增加逐渐上升,从 -24.345% 上升到 -16.796%。但在海浪声景中是例外,心率变异性在 1 min 时达到最大值,之后逐渐下降。其中交通声景中心率变异性随时间的变化最明显,呈现逐渐升高的趋势。在海浪和鸟鸣声景中心率变异性随时间的变化相对较小。

图 3.8 为低频的边际均值图。由图 3.8 可知,低频随时间的增加呈现逐渐下降的趋势。前 3 min 内低频的下降趋势比较明显,从高于静息态的 60% 左右下降到与静息态相同的水平。4 种场景中低频随时间变化的趋势相同。

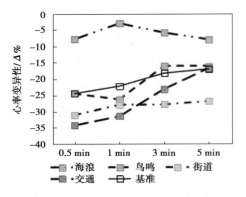

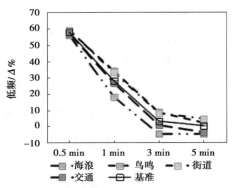

图 3.7　心率变异性随时间和声景类型变化　　　图 3.8　低频随时间和声景类型变化

图 3.9 为高频随时间和声景类型变化的边际均值图。由图 3.9 可知,高频整体随时间的增加而逐渐上升,并且上升幅度很大,这说明高频指标十分灵敏且多变。在 3 min 时,高频恢复到与静息态相似的位置。4 种场景下的低频信号的变化趋势相同。

图 3.10 为低高比随时间和声景类型变化的边际均值图。由图 3.10 可知,低高比随时间变化的趋势与低频指标的相似,在 0.5 min 到 3 min 的过程中,低高比逐渐下降。4 种场景中的低高比随时间变化的趋势相同。

图 3.11 为 α 脑电波随时间和声景类型变化的边际均值图。由于方差分析中时间因素的显著性为 $p = 0.769 > 0.050$,且如图 3.11 所示,α 脑电波变化趋势平缓,这进一步说明 α 脑电波在时间维度上的变化不显著。

图 3.12 为 β 脑电波的边际均值图。由图 3.12 可知,随着实验时间的延长,β 脑电波频率呈上升趋势,各声景的变化趋势相同,总体上从 0.5 min 时的 6.034% 上升到 11.259%。

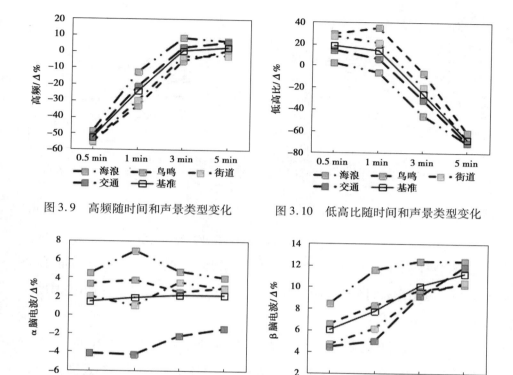

图 3.9　高频随时间和声景类型变化　　图 3.10　低高比随时间和声景类型变化

图 3.11　α 脑电波随时间和声景类型变化　　图 3.12　β 脑电波随时间和声景类型变化

图 3.13 为不同声景中呼吸频率的边际均值图。由图 3.13 可知,其在不同声景中的变化趋势基本相同,整体呈上升趋势,从 5.499% 上升到 11.376%,但在 1 min 时在街道和海浪声景中出现峰值。

呼吸深度的边际均值如图 3.14 所示。由图 3.14 可知,呼吸深度整体呈下降趋势,从 0.5 min 时的 -3.846% 逐渐下降到 -8.096%,说明随着实验时间的增加,被试们的呼吸变得越来越浅。

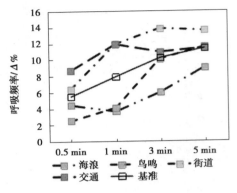

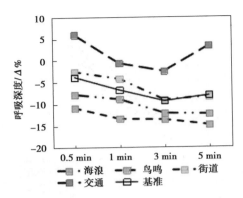

图 3.13　呼吸频率随时间和声景类型变化　　图 3.14　呼吸深度随时间和声景类型变化

　　图 3.15 为体表温度在不同时间段内的边际均值图。由图 3.15 可知,体表温度的整体变化趋势相同,随着时间的增加逐渐升高,从 0.5 min 时的 -0.440% 逐渐升高到 5 min 时的 -0.196% 。虽然升高趋势显著,但体表温度的变化十分微小。

　　图 3.16 为皮肤电阻在不同时间段内的边际均值图。由图 3.16 可知,皮肤电阻随时间变化在 4 种声景中的趋势相同,整体上从 43.078% 逐渐下降到 4.871% 。这说明声景刺激刚出现时皮肤电阻的值很高,达到了比静息态高 50% 的状态;随着实验时间的增加,皮肤电阻值显著降低;在实验的后期,皮肤电阻值与静息态时相差不大。

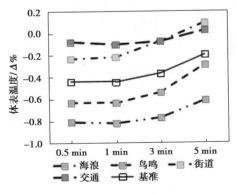

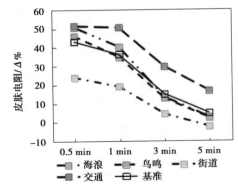

图 3.15　体表温度随时间和声景类型变化　　图 3.16　皮肤电阻随时间和声景类型变化

以上各生理指标的数据都显示了生理指标在刺激刚开始呈现时反应比较明显,但在 5 min 时大部分生理指标已经变得与静息态相似,这表明各项生理指标之间存在统一的变化趋势。声景中生理指标随时间变化的规律在前人的研究中很少提到,根据阿尔瓦尔森等人[77]的研究,皮肤电阻等生理指标的恢复过程可能发生在 180 s 左右,但该研究主要是关注人在压力刺激中的恢复作用,而本书的研究更多考虑的是人们对声景刺激本身的反应。因此,在没有压力刺激的情况下,人们在不同声景中的适应时间相对会快一些。此外,不同生理指标随时间变化的差异表明了生理指标敏感性的不同,比如皮肤电阻的反应十分敏感,在不到 0.5 min 的时间里就达到了高峰,但呼吸频率、体表温度等指标的反应则相对较慢。

声景的刺激多久能够产生足够观测的生理效应? 一方面,从生理数据来看,并不是所有指标都随着时间的增加逐渐接近静息态,也就是说,某些生理指标的反应并不会因为时间的增加而变得平缓,β 脑电波、呼吸频率和呼吸深度就是例外。从本节的图中可以看到,随着实验时间的增加,呼吸频率加大、呼吸深度变低,说明人在融入声景之后会逐渐呼吸急促,这一趋势在 5 min 内会变得越来越明显。β 脑电波也会随着时间增加而不断增大。α 脑电波更是例外,它的变化相对稳定,不会随着时间的增加而变化,刺激开始时唤醒的 α 脑电波的频率值可能在实验的最后也没有太大的变化。

另一方面,当我们观察每一个声景下的单独折线时就会发现,大部分的生理指标在 1 min 左右时会出现比较明显的拐点,类似的现象即使在 α 脑电波的数据中也能观察到。此外,声景刚开始呈现时,十分灵敏的生理指标会马上产生变化,比如心率变异性和皮肤电阻,但是在 0.5 min 时呼吸频率和 R 波幅度这类生理指标的变化还不是特别明显。从现有的数据来看,在 1 min 时所有的生理指标都已经产生了足够的响应,并且此时灵敏的指标还没有变得平缓。因此,为了更好地观察到生理指标带来的效应,用 1 min 左右的时间来观察生理指标可能会更好。

3.2.3　声景类型对生理指标的影响

在前一节中,研究的主要目的是探究时间因素对各项生理指标的影响,但没有分析不同的声景类型下生理指标的差异,因而,本节重点讨论声景类型对生理指标的影响。虽然从边际均值的图中可以看出生理指标的变化规律,但不同场景下的均值差异仍需要统计学上的验证。因此,以下分别对各个生理指标的数据进行事后检验,并比较不同场景下生理指标的差异。表 3.25 为心率数据在不同声景类型下的事后检验,在事后检验中采用的统计学方法为 S-N-K 法(Student-Newman-Keuls Method),这种方法可以以同质子集的形式对自变量进行分类,两组数据分属于不同子集则表明二者之间存在显著差异。本节中,其他事后检验的方法均采用 S-N-K 法。

表 3.25　心率的事后检验

声景类型	个案数/个	子集	
		1	2
鸟鸣	66	−1.671	—
交通	66	—	0.147
海浪	66	—	0.460
街道	66	—	0.922
显著性	—	1.000	0.456

由表 3.25 可知,整体来看,在鸟鸣声景中的心率是最低的,比静息态下的心率低 1.671%;其次是在海浪和交通声景中,心率水平与静息态下的差别不大。街道声景下的心率最高,比静息态时的心率高 0.922%。交通、海浪和街道 3 种声景下的心率在统计学上没有显著差异。

表 3.26 为 4 种声景中 R 波幅度的事后检验。

表 3.26　R 波幅度的事后检验

声景类型	个案数/个	子集	
		1	2
交通	66	−1.267	—
街道	66	0.033	0.033
海浪	66	1.539	1.539
鸟鸣	66	—	2.363
显著性	—	0.087	0.185

　　由表 3.26 可知,在 4 种声景下的 R 波幅度从低到高依次是交通、街道、海浪和鸟鸣。其中交通声景的 R 波幅度最低,比静息态时低 1.267%,鸟鸣声景中的 R 波幅度最高,比静息态下高 2.363%。在统计学上,鸟鸣声景中的 R 波幅度显著低于其他 3 个声景,而交通声景中的 R 波幅度要显著比其他声景高。

　　表 3.27 为心率变异性在 4 种声景下的事后检验。由表 3.27 可知,街道、交通和鸟鸣声景下的心率变异性都很低,结果表明三者间没有显著差异,都比静息态时低 20% 多,海浪声景的心率变异性相对较高,比静息态时低 6.075%。

表 3.27　心率变异性的事后检验

声景类型	个案数/个	子集	
		1	2
街道	66	−28.328	—
交通	66	−26.285	—
鸟鸣	66	−20.618	—
海浪	66	—	−6.075
显著性	—	0.362	1.000

　　表 3.28 为低频在 4 种声景条件下的事后检验。由表 3.28 可知,4 种声景下的低频从低到高依次是海浪、交通、鸟鸣和街道。4 种声景彼此间不存在显著

差异,这与重复测量方差分析的结果相同,说明在本章的实验条件下,声景类型不会影响低频指标。

表3.28 低频的事后检验

声景类型	个案数/个	子集
		1
海浪	66	16.199
交通	66	20.223
鸟鸣	66	25.990
街道	66	26.311
显著性	—	0.139

表3.29为高频在4种声景情况下的事后检验。

表3.29 高频的事后检验

声景类型	个案数/个	子集
		1
鸟鸣	66	−23.467
街道	66	−22.718
交通	66	−16.212
海浪	66	−11.697
显著性	—	0.052

由表3.29可知,4种声景下的高频没有显著差异,这与前一节中重复测量方差分析的结论相同。这表明,在本章的实验条件下,声景类型不会对高频造成影响。表3.30为低高比在4种声景情况下的事后检验。

由表3.30可知,4种声景下的低高比从低到高依次是鸟鸣、街道、交通和海浪。各声景之间的低高比数据不存在显著差异,4种声景被归为一个子集中,这一结论与重复测量方差分析的结果相同,说明在本章的实验条件下,声景的变化不会引起低高比的变化。

表 3.30 低高比的事后检验

声景类型	个案数/个	子集
		1
海浪	66	−30.087
交通	66	−20.262
街道	66	−9.825
鸟鸣	66	−0.990
显著性	—	0.074

由表 3.27—表 3.30 可知,声景类型的变化可以引起心率变异性中时域的变化,但没有引起心率变异性中频域的变化,结果中低频、高频和低高比的变化都不显著。表 3.31 为 α 脑电波在 4 种声景情况下的事后检验。

表 3.31 α 脑电波的事后检验

声景类型	个案数/个	子集	
		1	2
交通	66	−3.042	—
街道	66	—	2.342
鸟鸣	66	—	3.130
海浪	66	—	5.065
显著性	—	1.000	0.536

由表 3.31 可知,在 4 种声景下,交通声景中的 α 脑电波频率最低,比静息态时低 3.042%,街道、鸟鸣和海浪声景三者之间不存在显著差异,被归为同一个子集。其中,海浪声景中的 α 脑电波频率最高,比静息态下高 5.065%,其后依次是鸟鸣和街道声景。表 3.32 为 β 脑电波在 4 种声景下的事后检验。

表 3.32　β 脑电波的事后检验

声景类型	个案数/个	子集
		1
交通	66	7.608
街道	66	7.634
鸟鸣	66	8.694
海浪	66	11.231
显著性	—	0.517

由表 3.32 可知，β 脑电波频率按海浪、鸟鸣、街道、交通声景的顺序依次降低，交通声景中的 β 脑电波最低，但也比静息态时高 7.608%；海浪声景中的 β 脑电波最高，比静息态时高 11.231%。虽然前一节中重复测量方差分析的结果表明，声景类型对 β 脑电波的影响是显著的，但 4 种声景类型下的事后检验在统计学上没有显著差异。这说明声景类型虽然对 β 脑电波存在影响，但在本章实验的 4 种场景中很难区分出差异。

表 3.33 为呼吸频率在 4 种声景下的事后检验结果。

表 3.33　呼吸频率的事后检验

声景类型	个案数/个	子集
		1
海浪	66	5.755
鸟鸣	66	7.056
交通	66	10.719
街道	66	11.427
显著性	—	0.126

由表 3.33 可知，街道和交通声景中的呼吸频率比较高，分别比静息态下高 11.427% 和 10.719%；鸟鸣和海浪声景中的呼吸频率较低，但也高于静息态

7.056% 和 5.755%。虽然前一节重复测量的结果表明,声景类型对呼吸频率的影响也是显著的,但 4 种声景类型中的呼吸频率在事后检验中也没有显著差异。这说明声景类型虽然对呼吸频率存在显著影响,但在本章的 4 种场景中很难区分出差异。

表 3.34 为呼吸深度在 4 种声景下的事后检验结果。

表 3.34　呼吸深度的事后检验

声景类型	个案数/个	子集	
		1	2
鸟鸣	66	−13.227	—
海浪	66	−10.325	−10.325
街道	66	−6.073	−6.073
交通	66	—	1.491
显著性	—	0.389	0.078

由表 3.34 可知,鸟鸣声景中的呼吸深度最小,比静息态时低 13.227%;其次是海浪和街道声景;交通声景中的呼吸深度最高,比静息态时高 1.491%。事后比较将 4 种声景分成两个子集,其中鸟鸣、海浪和街道声景之间没有显著差异,海浪、交通和街道声景之间也不存在统计学上的差异。

表 3.35 为体表温度在 4 种声景下的事后检验结果。

表 3.35　体表温度的事后检验

声景类型	个案数/个	子集
		1
海浪	66	−0.757
鸟鸣	66	−0.527
街道	66	−0.109
交通	66	−0.059
显著性	—	0.083

由表 3.35 可知,整体来看,声景的改变对体表温度的影响微乎其微,即使是均值最低的海浪声景,在 1 min 内的体表温度只比静息态时低了近 0.8%。这说明体表温度比较稳定,并不是一个合适的观测指标。

表 3.36 为皮肤电阻在 4 种声景条件下的事后检验结果。

表 3.36　皮肤电阻的事后检验

声景类型	个案数/个	子集
		1
街道	66	11.267
鸟鸣	66	24.027
海浪	66	26.812
交通	66	37.169
显著性	—	0.075

由表 3.36 可知,虽然声景类型对皮肤电阻有显著影响,但事后比较中,统计结果仍将 4 种声景归为一组。但即便如此,4 组数据的均值差别仍然十分明显,街道声景的皮肤电阻最小,比静息态时高 11.267%;而交通声景的皮肤电阻最大,比静息态时高 37.169%。

根据上述分别讨论的各项指标的事后检验结果,将 4 种声景类型下的生理指标以同质子集的形式汇总成表 3.37,其中用符号"■"表示同质子集 1,用"●"表示同质子集 2。

表 3.37　各生理指标在不同声景下的均值

生理指标	鸟鸣	海浪	交通	街道
心率	−1.671■	0.460●	0.147●	0.922●
R 波幅度	2.363●	1.539■	−1.267■	0.033■
心率变异性	−28.328■	−6.075●	−26.285■	−28.328■
α 脑电波	3.130●	5.065●	−3.042■	2.342●

续表

生理指标	鸟鸣	海浪	交通	街道
β 脑电波	8.694■	11.231■	7.608■	7.634■
呼吸频率	7.056■	5.755■	10.719■	11.427■
呼吸深度	−13.227■	−10.325■●	1.491●	−6.073■●
皮肤电阻	24.027■	26.812■	37.169■	11.267■
体表温度	−0.527■	−0.757■	−0.059■	−0.109■

由表 3.37 可知,除去被淘汰的低频等不受声景类型影响的指标外,其他生理指标都有很明显的差别。如果把鸟鸣声和海浪声归为自然声,街道声和交通声归为噪声,那么在两个类别的声音之间可以看到显著差异。自然声会带给人更低的心率、呼吸频率和呼吸深度,以及更高的 R 波幅度、心率变异性、α 脑电波和 β 脑电波。这一现象与胡美亚等人[43]的结论相同,在胡美亚等人的实验中,不愉快的声音可以引起心率明显下降以及呼吸频率的小幅度升高。但是,在皮肤电阻的数据上,自然声和噪声的界限却不那么明显,交通声带来的刺激使得皮肤电阻值最高,喧闹的街道声却带来比鸟鸣声和海浪声更低的皮肤电阻值,这一现象与阿尔瓦尔森等人[77]的研究有所不同。原因也许是皮肤电阻的反应十分灵敏,街道中的噪声并不比海浪声和鸟鸣声更大(声压级相同),而街道声景却是 4 个声景中最为人所熟悉的,人在熟悉的环境中可能会更加放松。也许将 4 种声景还原成不同的声压级时,皮肤电阻的结果会有所改变。

3.3　生理指标与主观恢复性之间的关系

本节对生理指标和主观恢复性之间的关系进行初步探究。首先对主观恢复性问卷进行降维处理,得到恢复性因子,并通过典型相关分析,具体研究每个时间段内生理指标和主观评价之间的关系。

3.3.1　主观恢复性因子的提取

由于本章的研究采用感知恢复性声景量表,尚无相关研究证实该量表的中文翻译版是否与英文版具有相同的效果,因此在提取主观评价因子之前,首先对问卷的信度和效度进行分析。本书对问卷信度的检验采用 Cronbach's α 信度系数[162](见公式 3-1)。

$$\alpha = \frac{K}{K-1}\left(1 - \frac{\sum S_i^2}{S^2}\right)$$

(3-1)

式中,K ——量表包括的项目数;

S^2 ——测验量表总分的变异量;

S_i^2 ——每个测验项目总分的变异量。

除信度检验外,还需要对问卷进行结构效度检验,结构效度可以反映问卷中各个问题之间的关系结构,其结果可以用来判断问卷中各部分问题是否紧密且全面,本书采用 KMO 系数(Kaiser-Meyer-Olkin)对问卷中的各因子以及整体问卷进行检验[163,164],见公式(3-2)。

$$KMO = \frac{\left(\sum \sum r_{ij}^2\right)}{\left(\sum \sum r_{ij}^2 + \sum \sum a_{ij}^2\right)}$$

(3-2)

式中,r_{ij} ——相关系数;

a_{ij} ——偏相关系数。

根据上述公式,计算问卷整体及其各部分的信度和结构效度,得到的结果如表 3.38 所示。由表 3.38 可知,问卷的总体信度良好(Cronbach's α = 0.888),结构效度也十分良好(KMO = 0.921)。问卷中"范围"部分只有一项,因此无法做信度和结构效度检验,但其他维度的分量表信度和结构效度普遍在0.8 左右。综上所述,问卷数据的信度和结构效度都十分良好。

表 3.38　问卷及分量表的信度与结构效度

因子	Cronbach's α	KMO 系数	Bartlett 球形检验	项数
迷人性	0.889	0.818	<0.001	5
引离性	0.805	0.733	<0.001	3
远离性	0.885	0.696	<0.001	3
兼容性	0.860	0.750	<0.001	4
一致性	0.671	0.641	<0.001	3
范围	—	—	—	1
总体	0.888	0.921	<0.001	19

对主观恢复性问卷中的 6 个部分分别进行因子分析,提取出相应的公因子。因子分析的主成分数据如表 3.39 所示。在因子分析中,公因子的提取方式采用了正交的方法,对提取出的公因子进行了因子旋转,旋转方法为最大方差法。

表 3.39　主观恢复性问卷的因子分析

因子	解释的总方差	问卷问题	英文缩写	提取	成分
迷人性	69.528%	吸引	Appealing	0.864	0.929
		注意力	Attention	0.523	0.723
		驻足	Linger	0.785	0.886
		好奇	Wonder	0.702	0.838
		全神贯注	Engrossed	0.603	0.776
引离性	80.257%	不平常	Doing_different	0.758	0.871
		声音不同	Different_sonic	0.824	0.908
		日常听到	Usually_hear	0.825	-0.908

续表

因子	解释的总方差	问卷问题	英文缩写	提取	成分
远离性	81.346%	避难所	Refuge	0.856	0.925
		感到自由	Free	0.705	0.840
		解脱	Break	0.879	0.938
兼容性	71.566%	活动	Activities	0.774	0.880
		适合	Fits	0.838	0.916
		习惯	Used_to	0.632	0.795
		妨碍	Hinders	0.619	−0.786
一致性	60.597%	属于	Belongs	0.650	0.806
		一致	Coherent	0.499	0.706
		结合	Together	0.669	0.818
范围	100%	无限	Limitless	1.000	1.000

在表 3.39 中,除"范围"之外,对"迷人性"等公因子解释的总方差均超过了 60%,提取的各项因子也大于 0.5,可见问卷中各部分对公因子都有较高的贡献率。对拟合后的各个公因子重新以标准化的形式保存为新变量,将范围数据也通过 Zscore 方法进行标准化计算,得到新变量,如此便得到 6 个维度的标准化主观评价数据,以方便后续作进一步的分析和计算。

3.3.2 生理指标与恢复性因子之间的相关性

分别将 4 个时间段内的心率、R 波幅度、心率变异性、α 脑电波、β 脑电波、呼吸频率、呼吸深度和皮肤电阻数据作为变量组 1,将 6 个主观恢复性因子作为变量组 2,对两个变量组进行典型相关分析,本书仅分析每个模型中的前两个最为显著的典型相关关系对。表 3.40 为相应的典型冗余分析的结果,冗余分析的数据可以在一定程度上表示两组变量之间对自身和彼此的解释程度。

表 3.40　典型冗余分析

时间	关系对	组 1 自身	组 1 对组 2	组 2 自身	组 2 对组 1
0.5 min	1	0.165	0.024	0.505	0.075
	2	0.111	0.012	0.208	0.023
1 min	1	0.144	0.025	0.460	0.080
	2	0.157	0.019	0.208	0.025
3 min	1	0.107	0.025	0.164	0.038
	2	0.148	0.012	0.352	0.028
5 min	1	0.117	0.029	0.112	0.028
	2	0.156	0.013	0.372	0.032

　　分析得到的典型相关系数与检验结果如图 3.17—图 3.24 所示,图中分别展示了 4 段时间内两组最显著的关系对。

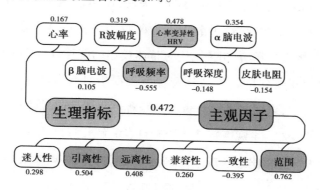

图 3.17　0.5 min 时第一对典型关系对

　　由图 3.17 可知,在 0.5 min 内,第一对典型结构的生理和主观评价因子之间的相关系数为 0.472,生理指标中主要影响因子为心率变异性和呼吸频率。主观评价因子变量组主要包括引离性、远离性和范围。这表明,人们在主观评价因子中对引离性等问题的评价越低,相应的,人们的心率变异性也会降低而呼吸频率会升高。

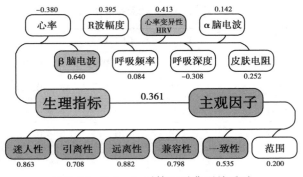

图 3.18　0.5 min 时第二对典型关系对

由图 3.18 可知,0.5 min 时的第二对典型结构中,生理指标主要由心率变异性和 β 脑电波组成,主观恢复性问卷中的主观评价因子变量组主要由迷人性、远离性、引离性、兼容性和一致性构成。主观恢复性问卷中的这几项指标越高,心率变异性和 β 脑电波相应升高。两个相关对中,心率、R 波幅度、α 脑电波、呼吸深度和皮肤电阻都没有很高的相关性,说明这几项生理指标与主观恢复性问卷的关系并不明显,也可能是因为两者的主要贡献不在前两个相关对中,但从第 3 个相关对开始,相关结构对整体模型的解释程度也是微乎其微的。表 3.40 中,典型冗余分析主要是分析各个数据集对自身和对方的解释程度。在第一个相关对中,生理信号对自身的解释程度为 10.6%,对主观恢复性问卷的解释程度为 2.4%。主观恢复性问卷对自身的解释程度为 21.9%,对生理的解释程度为 4.9%。相比第一对,第二个典型相关对的各项参数都显著降低。

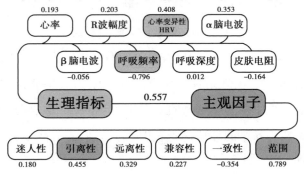

图 3.19　1 min 时第一对典型关系对

由图 3.19 可知,1 min 内的数据表明,生理指标和主观评价因子的关系与
0.5 min 时的比较相似。第一对相关系数提高到 0.557,但在第一对相关结构中
只有引离性和范围作为主要因子。

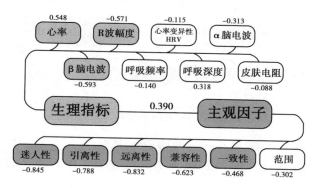

图 3.20　1 min 时第二对典型关系对

同样,图 3.20 显示的第二对典型结构也与 0.5 min 内的相似,但主要的生
理因子变成了心率、R 波幅度和 β 脑电波。说明在 1 min 内主观评价分数越低,
相应的,心率会升高,而 R 波幅度和 β 脑电波也会降低。α 脑电波、呼吸深度和
皮肤电阻在 2 个典型结构中都没有明显的体现。表 3.40 中的冗余分析结果表
明,1 min 内主观恢复性问卷对生理指标的解释程度提高到了 5.9% 和 6.9%。
虽然提高的程度不大,但这说明在整体上 1 min 内的数据更能说明生理与心理
之间的关系。

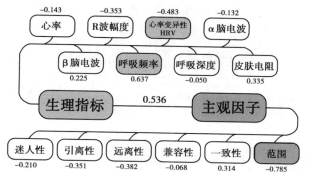

图 3.21　3 min 时第一对典型关系对

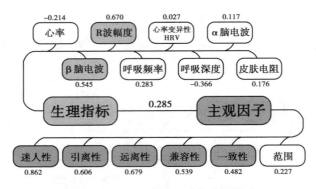

图 3.22　3 min 时第二对典型关系对

由图 3.21 和图 3.22 可知,3 min 的数据中第一对和第二对典型相关系数分别为 0.536 和 0.285。第一对典型结构与 0.5 min 和 1 min 时的情况相比有很大变化。生理指标中,主要贡献因子只有心率变异性和呼吸频率,主观评价因子也只剩下范围,这说明在 3 min 内范围的评价值越小,心率变异性就越小,而呼吸频率越高。在第二对结构中,生理指标的主要因素只有 R 波幅度和 β 脑电波。心率、α 脑电波、呼吸深度和皮肤电阻在两个关系对中都没有体现。冗余分析结果显示,3 min 内的数据对模型的解释程度明显下降,主观评价因子对生理指标的解释程度只有 4.9% 和 2.9% 。

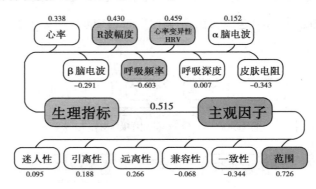

图 3.23　5 min 时第一对典型关系对

由图 3.23 和图 3.24 可知,5 min 的数据显示,第一对和第二对典型相关结构的相关系数分别为 0.515 和 0.346。第一对典型相关结构中,生理指标主要成分为 R 波幅度、心率变异性和呼吸频率,主观评价因子方面只有范围相关性较大。第二对典型相关结构中,生理指标的主要成分只有呼吸频率,而主观评价因子中没有显著的相关因子,说明 5 min 内的生理数据与主观评价因子之间的关系明显减小。主观评价因子对生理指标的解释程度只有 0.34% 和 0.3% ;主观评价因子对自身的解释程度也只有 12.7% 和 2.5% 。

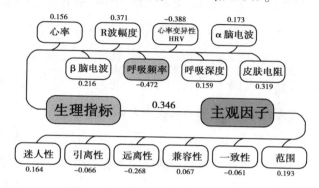

图 3.24　5 min 时第二对典型关系对

　　生理指标与主观评价因子之间的典型相关分析从侧面印证了 3.2 节中的结论:总体来看,主观恢复性问卷与 1 min 内的生理数据之间关系更密切,与 3 min 以后的生理数据普遍关系不大。这意味着,人们对声景恢复性的主观评价与其进入该声景内前 1 min 内的生理数据关系更大。另一方面,α 脑电波、呼吸深度和皮肤电阻与主观评价之间的相关性不大,说明这 3 项指标与主观恢复性评价之间的关系可能并不明显。

3.4　基于时间对生理指标影响的声景设计建议

　　本节根据前面的主要研究结果,讨论时间因素引起的生理效应在不同的场景中的趋势,并讨论这些效应在实际的声景设计中的意义,同时基于前文结论对声景设计和城市声景规划提出建议。

3.4.1　生理反应随时间变化的实际意义

本章研究的一个主要目的就是检测各种常见生理指标的敏感程度。其中 3.2 节的一个重要结论就是在 1 min 的时间范围内，所有常见的生理指标都已经对所处的声环境进行了反应。这表明短时间的声音也会对人的生理造成影响。在以往的噪声控制中，人们往往只关注长期噪声，比如等效声压级对生理的影响。本书的研究表明，短时间的声景刺激也对生理造成显著影响。因此，为了提升人们的生理舒适度，也应当关注声音的短期效应。

此外，本章的研究发现，在 1 min 后大部分生理指标（除 α 脑电波之外）的变化趋于平稳，这说明人们的身体在生理上不断适应所处的声环境。在实际的城市公共开放空间中，如果人们只是经过该场景，并不在该场景内停留过长时间，那么生理指标将一直处于一个变化的过程中，人们对于声音的生理感受也是不断变化的，没有达到适应的程度。

3.4.2　主观评价与生理指标的关系的实际意义

研究生理指标的一个重要原因就是探求生理反应与主观评价之间的关系。因为只有心理舒适和生理舒适是同步的，才能通过心理问卷来反映声景的整体健康质量。本章的研究表明，生理指标与主观恢复性存在一定的相关性，这表明心理的变化和生理的变化在大趋势上是同步的。但是另一方面，生理与心理之间的相关性是十分微弱的，这表明以目前的模型研究，很难通过心理问卷来预测生理上的变化，也很难通过生理反应来评估人们在声景中的主观感受。主观评价与生理指标之间目前还难以建立稳定的线性关系。

此外，3.2 节的研究结果表明，生理指标在 1 min 内的观测数据与人们的主观恢复性之间的关系最为密切。这说明人们对于声景的主观感受与其进入声景中 1 min 时的生理反应最为相关。这在声景观的营造上具有一定的现实意义,人们的主观感受很可能基于人们在 1 min 内对环境的认知。因此,在城市公共空间设计中,应当更多地考虑人们进入声景的开始一段时间内的声音设计。

3.4.3　对城市声景设计及声环境规划的建议

基于前两个节的讨论,本节根据时间因素对生理指标的影响,针对实际的城市公共开放空间内的声景设计提出如下建议:

①尽量避免短时间的噪声刺激。突发的声音刺激要比长期的噪声刺激带给人的生理反应更强烈。人们在稳定的声音中会逐渐适应所处的环境,而突变的噪声会带来没有准备的强烈刺激。因此在实际的噪声控制尤其是交通噪声控制中,应当尽量避免突发噪声的出现。

②关注人们进入场景短时间内的声源控制。人对声景的主观感受与其进入场景中 1 min 内的生理感受更为密切。因此,在设计公园、广场等为城市居民提供休闲娱乐的公共场所时,应当更关注人们进入该场所时的声学设计,因为人们进入场景的过程在很大程度上决定了人们对该场景的整体感受。

③更多引入自然声音及自然环境要素。本章研究结论从生理层面上证实了自然场景的积极恢复作用。生理指标与主观恢复性之间的变化在总体趋势上是同步的,因此,在场景中引入自然声景以及自然环境要素不仅能够使人们在主观上感到舒适,同时也可以使人们达到生理上的恢复。

针对不同类型的空间环境,提出如下建议:

①空间功能层面。对于过渡性功能空间(如交通路口或建筑之间的廊道),应当在降低整体声压级的同时避免突发声源的介入;对于长期停留空间(如公园和广场),应当将安静区域与噪声区域之间的距离加大或设置隔声屏障,降低噪声影响人们对公园和广场等安静区域的先入为主的感受。

②空间尺度层面。对于小尺度空间,应当更多引入自然场景,以起到对声音的掩蔽作用,并且尽量避免突发噪声的出现;对于大尺度空间,应当更多关注入口处的噪声控制,以及入口处自然声源和自然景观的引入。

3.5 本章小结

    本章通过对生理信号的检测，揭示了生理反应受时间和声景类型影响的趋势以及生理指标与主观恢复性因子之间的关系。首先，采用重复测量方差分析建立了生理指标受时间和声景类型影响的方差模型，研究了时间因素对生理指标的影响，结果表明，除了 α 脑电波外的其他生理指标都会随人进入场景中的时间变化而发生改变，用 1 min 的时间来观测各项生理指标可以更好地观察到生理效应。其次，本章也研究了各个生理指标受声景类型的影响，发现了低频、高频、低高比和体表温度不受声景类型影响。自然声和噪声之间的生理指标存在显著差异，自然声会带给人更低的心率、呼吸频率和呼吸深度，以及更高的 R 波幅度、心率变异性、α 脑电波和 β 脑电波。最后，本章通过对主观恢复性问卷的数据进行因子分析降维，得到了恢复性因子，并研究了生理指标与主观评价因子之间的关系。结果表明，生理数据与主观恢复性问卷之间存在显著相关性，在 1 min 时相关性最大，但主观恢复性问卷对生理数据的解释程度较低。

第4章 声景中的视听交互
对生理效应的影响

在明确了时间因素对生理效应的影响后,本章的目的是探求声景中视听交互下生理指标的变化趋势。在本章的研究中,通过4种方式——声音+视频、图像+声音、纯声音和纯图片,分别呈现了4种类型的声景——鸟鸣、海浪、街道和交通,并同时记录了被试在声景中的生理反应和主观恢复性评价,研究了动态视觉与静态视觉在声景呈现上的生理差异和主观差异。此外,本章从生理角度研究了声景中视觉因素对听觉的影响以及听觉因素对视觉的影响。本章具体研究以下问题:声景中的视觉刺激如何影响听觉的生理感受? 声景中的听觉刺激如何影响视觉的生理感受? 此外,本章也从方法论的角度探求了动态场景和静态场景在生理指标和主观恢复性上的差异。

4.1 实验背景及细节

4.1.1 实验背景

人类对于环境的感知不是单一、孤立的,而是多模态的。人们在声景中会同时接受视觉、听觉、嗅觉等多感官刺激。沃伦(Warren)等人[165]的研究表明,当环境中的信息以第二种感觉通道被接收时,会造成人的第一种感觉通道的感知变化,这一现象被称为感官交互。与其他感觉不同,视觉和听觉都可以精确辨别空间和方位。视觉和听觉在感知特性上也有差异,视觉通常对空间分布更加敏感,而听觉则对时间更加敏感[166]。在人类的所有感觉中,大约有80%左右的刺激通过视觉接收[167],视觉通常被认为比听觉更加精确[168],同时对目标感知的权重更大[169]。然而,一些对于整体环境评价的研究发现,对环境的主观偏好的影响大部分是由听觉因素主导的[158]。个别研究表明,声音偏好在景观评估中的作用比视觉偏好更为重要,前者约为后者的 4.5 倍[170]。听觉在生理上接受刺激的能力只占不到20%,却在整体环境偏好中起到了至关重要的作用。由此可见,有关视听交互作用的研究值得在生理反应和主观评价上同时进行。

对于声景的视听交互研究主要分为实地调研和实验室研究。实地调研是根据真实场景研究声景的方法。早在 1969 年,索思沃思(Southworth)[171]对视听交互进行了现场研究,通过将部分被试的眼部遮挡,分析在城市声环境中视觉与听觉的彼此影响。索思沃思被认为是开创感官漫步研究的鼻祖。随后,声景漫步逐渐成为成熟的实验方法[97,172]。然而,声景漫步也存在一定局限性,由于地理条件的限制,很难将不同属性的声景在同一次调研中呈现,而且由于漫步路线相对固定,很难实现不同声景的随机呈现。除此之外,自然环境中的其他因素,包括嗅觉等其他感官,也会影响人的感受[90]。因此,实验室研究作为重现声景的一种方法,被更加广泛地应用。安德森(Anderson)等人[173]在 1983年通过一系列现场评估和实验室实验,研究了人们在户外场景中对声环境的偏好,并且比较了实地调研和实验室研究之间的差异,发现声音和视觉场景之间存在交互作用,人们在自然场景和高植被覆盖的场景中对声音更加敏感,而在纯建筑场景中对声音的敏感性较弱。安德森开创了在实验室中探究视听交互作用的先河。受限于当时的技术条件,当年的实验中视觉和听觉的呈现方式是幻灯照片和录音。随着试听录制技术的发展,声景的实验室研究逐渐发展为成熟的研究手段。

对于实验室的视听交互研究,研究者主要关注被试对声景感知的主观评价指标,其中大部分的主观评价研究只涉及单一的评价维度,如舒适度[159]、愉悦度[174,175]和烦恼度[176];另一些视听交互的研究通过语义细分法发展出多维度的形容词来评价整体环境[177,178],或是对声景质量的某一方面进行评估,如对宁静度的感知[179]以及声景的主观恢复作用[75]。上述这些研究分析了在主观评价上视觉和听觉对彼此的影响。然而,关于视听交互的研究很少涉及生理层面[80,180]。现有的关于声景的生理学研究中,通常使用刺激锁定设计和被动聆听来搜集人体生理指标的数据,以研究具有不同类型声音的某些生理指标的变化以及恢复效果的差异[43,77,79,181]。梅德韦杰夫等人[76]比较了 4 种典型声音的恢复潜力,发现声音类型对心率或皮肤电阻的变化没有显著影响。

本书第 3 章的研究结果表明,生理指标与声景恢复性因子之间存在着弱相关性,因此,生理指标和主观感受是评价声景的两个方面,视听交互在这两个方面的作用值得进行比较研究。此外,随着数字技术的发展,声景的记录和重现技术也不断提高。早期的研究由于实验条件的限制,通常采用图片来还原声景[173,182],如今通过视频还原声景已经十分便捷,甚至可以通过虚拟的渲染,设计出虚拟的视觉环境[178]。然而静态的图片与动态的视频在声景呈现上的差异,尤其是生理方面,却很少有人讨论。动态视觉和静态视觉在生理效应上很可能存在差异。因此,通过什么样的视觉呈现方式来营造舒适的视听交互环境也十分值得研究。

综上所述,学界目前很少有研究者从生理层面分析视觉因素和听觉因素对声景的影响,以及动态视频与静态图片在声景呈现上的差异。本章将通过实验室还原典型的视听场景,测量被试的生理指标与主观恢复性评价,具体研究步骤如下:首先,对不同声景下生理指标与主观恢复性的差异进行分析;其次,重点研究视觉刺激如何影响听觉的生理感受以及听觉刺激如何影响视觉的生理感受;最后,分析动态视频和静态图片呈现的声景在生理指标和主观恢复性上的差异,进而研究动静态视觉对生理指标的影响。

4.1.2　实验刺激

本章实验中的声音刺激与第 3 章中的相同,采用鸟鸣声、海浪声、交通声和街道声作为实验的声景刺激变量。与前一章不同的是,在声景的呈现方式上采用 4 种不同的呈现方式,分别是视频和声音同时呈现、图像和声音同时呈现、纯视频呈现和纯声音呈现共 4 组。如图 4.1 所示为本章实验的设计示意图。

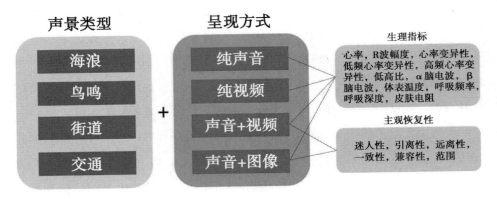

图 4.1　视听交互实验设计示意图

实验以 4 种不同的呈现方式随机展现 4 种不同的声景。实验中记录的生理指标与第 3 章相同。实验中所选取的图片刺激是从视频中截取的静态的、有代表性的图片。实验中所有刺激包括主观恢复性问卷均通过 E-prime 软件编辑,并通过实验室中的电视屏幕呈现。

4.1.3　实验细节

4.1.3.1　实验参与者

本章实验参与者为 120 名在校本科生及研究生,平均年龄为 22.72 岁(方差 = 3.171;最小值 = 18,最大值 = 35),其中男性 66 人,女性 54 人。由于本章实验中每组被试将随机选择一种刺激呈现方式完成实验,为保证有足够的样本量进行差异性分析,每组至少需要 30 人(4 组被试),因此本章实验的被试为 120 人。

4.1.3.2　问卷设计

本章实验中采用的问卷内容与第 3 章中的相同,但由于问卷中有关恢复性的评价是基于整体环境的评价,需要被试同时感受视觉和听觉刺激才能正常完成问卷,仅声音组和仅视频组无法对该问卷进行评估,因此在本章实验中,只有"声音+视频"组和"声音+图像"组的被试在呈现刺激之后会完成问卷。纯声音组和纯视频组的被试只进行生理指标的测量。

4.1.3.3　实验流程

被试被随机分为 4 组,每组被试在测听室中随机采用其中一种呈现方式感受声景,刺激程序运行的同时记录被试的生理反应。在生理采集后,"声音+视频"组和"声音+图像"组的被试被要求填写主观恢复性问卷。根据第 3 章得出的结论,在本章及后续章节的实验中,声景刺激片段的时间被设计为 1 min,以便更有效地观测被试的生理反应;每段声景刺激之间的时间间隔为 90 s。除此之外,本实验的其他流程与第 3 章中的实验流程相同。

4.1.3.4　数据处理过程

实验结束后对实验数据进行预处理。在生理指标方面对每项生理指标进行归一化处理(过程详见 2.3.3 节);对主观恢复性问卷的内容采用因子分析进行降维(过程详见 3.3.1 节);数据采用 SPSS 25.0 软件进行分析,主要分析方法包括:对"声音+视频"组和"声音+图像"组的生理数据和主观数据进行方差分析,分析动态视觉和静态视觉之间的生理指标和主观恢复性差异;对纯视频、纯声音和"声音+视频"组的生理指标数据进行方差分析,分析声景中的视觉和听觉因素对生理指标的影响。

4.2　动态视频与静态图片在声景呈现上的差异

通过比较"声音+视频"组和"声音+图像"组在生理和心理上的差异,可以分析动态视觉与静态视觉在声景呈现上的不同。本节主要通过方差分析和事后检验比较均值,研究动静态视觉对声景感知的影响。

4.2.1　视频呈现下的主观恢复性均值

在 4 组不同的呈现方式中,声音和视频的组合是最完整地还原声景的方式,通过对 4 种声景的主观恢复性差异的分析,可以了解 4 种声景在主观恢复性因子上的差异。将"声音+视频"组的主观恢复性问卷通过主成分分析降维,拟合成均值为 0、标准差为 1 的 6 个主成分因子(主观评价因子),包括迷人性、引离性、远离性、兼容性、一致性和范围。如图 4.2—图 4.7 所示为 4 种声音在每个成分中的分布图,图中数据均通过 S-N-K 法标记了没有显著差异的子集。所有成分均通过了正态检验(采用 K-S 检验,$p>0.050$),图中的分布图是通过均值和标准差拟合成的正态分布图(横坐标为均值,分布区域的宽窄代表了标准差的不同,数据越离散则正态分布的范围越宽),其中不同声景之间相互连接则表明这些类型的声景被归为一个子集,彼此之间不存在显著差异($p>0.050$)。

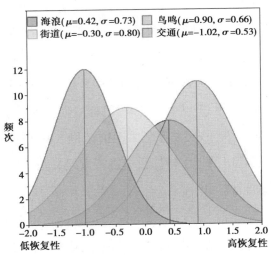

图 4.2　不同声景下迷人性的分布

如图 4.2 所示为 4 个不同声景下迷人性的分布。由图 4.2 可知,迷人性对声音类型的分辨能力很强,4 种声音分属不同的子集,其中鸟鸣声的迷人性最高,其次是海浪声,二者的均值都是正数,这说明人们普遍认为鸟鸣声和海浪声是十分吸引人的积极声音。交通和街道声景中,迷人性是负值,并且交通声景的迷人性最低。从标准差来看,海浪和街道声景的方差较大,说明人们对这两个声景的迷人性评价的分歧较大;交通声景的标准差最小,说明人们对这个声景的评价最集中。

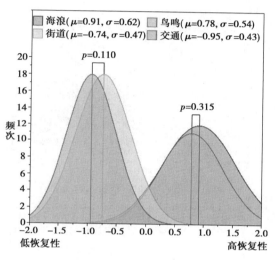

图4.3 不同声景下引离性的分布

如图 4.3 所示为 4 种不同声景下引离性的分布。由图 4.3 可知,4 种声景下的引离性被分成了两个子集。海浪和鸟鸣声景的引离性较高,二者之间不存在显著差异,但海浪声景的引离性稍高一些。交通和街道声景中的引离性也不存在显著差异,交通声景下的引离性相对更低一些。除了均值上相似,海浪和鸟鸣声景的标准差也十分相似,二者的数值都相对较大,这说明在引离性评价上,人们对这两个声景的评价都比较分散。而交通和街道声景下的标准差都相对较小,这说明人们对这两个声景在引离性上的评价十分一致。

如图 4.4 所示为 4 种不同声景下的远离性分布。由图 4.4 可知,远离性被分为 3 个子集。其中海浪和鸟鸣声景之间没有显著差异,二者的均值都较高,并且都是正数。而交通和街道声景之间存在显著差异,交通声景中的远离性最低。在标准差方面,交通声景的标准差最小,说明在交通声环境中,人们对远离性的评价最为一致。

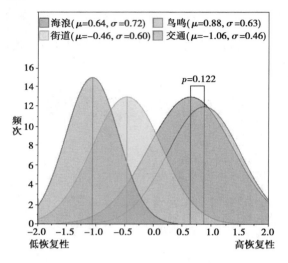

图 4.4　不同声景下的远离性分布

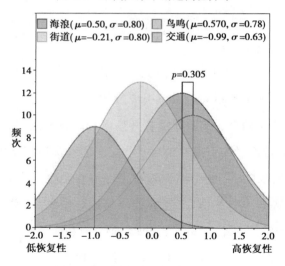

图 4.5　不同声景下的兼容性分布

如图 4.5 所示为 4 个声景下的兼容性分布。由图 4.5 可知,4 个场景根据兼容性被分为 3 个子集。分类的方式与远离性类似,海浪和鸟鸣声景之间不存在显著差异,其中鸟鸣声景的兼容性稍高一些,二者均为正值。交通声景的均值最低,并且与街道声景存在显著差异。交通声景中的标准差最大,说明在交通声中人们对兼容性的评价的分歧最为严重。

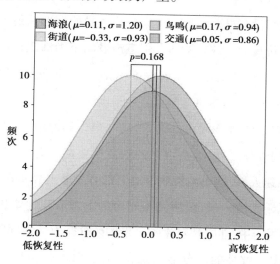

图 4.6　不同声景下的一致性分布

　　如图 4.6 所示为 4 种声景下的一致性分布。由图 4.6 可知,4 个声景下的一致性均不存在显著差异,这说明一致性作为评价指标对声景类型的区分能力不强;并且这 4 种情况下的标准差都很大,说明被试对这一成分的主观评分也缺乏一致性。

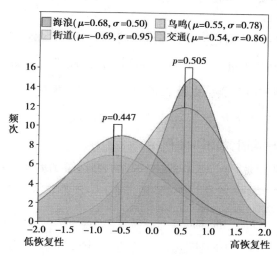

图 4.7　不同声景下的范围分布

如图 4.7 所示为 4 种声景下的范围分布。由图 4.7 可知,对于范围来说,海浪和鸟鸣声景之间没有显著差异。其中海浪声景的标准差最小,说明人们对海浪声景的范围评价最为一致。交通和街道声景的范围都比较低,二者之间没有显著差异。此外,交通和街道声景的标准差都很大,说明人们对这两个声景的评价比较不统一。

综上所述,对于 4 种不同声景而言,鸟鸣声景和海浪声景的整体恢复性很高,并且除了范围成分之外,鸟鸣声景的恢复性要高于海浪声景的恢复性。街道和交通声景在迷人性、远离性和兼容性上都有显著差异。在均值上交通声景的恢复性普遍低于街道声景,说明交通噪声的主观恢复性要比人的噪声更低。6 个恢复性评价因子中,迷人性对 4 种声景的区分能力最强,可以将 4 种声景分成 4 个子集,其中一致性的区分能力最弱,无法对不同类型的声景进行区分。此外,鸟鸣声景和海浪声景通常被置于一个子集中,街道声景和交通声景通常被置于另一个子集中,这说明在主观恢复性上自然声和负面噪声之间的差异十分显著。

4.2.2 动态视频与静态图片对生理数据的影响

本节首先对生理数据进行方差分析,将两种实验类型,包括"声音+视频""声音+图像"作为因变量,将 12 种生理指标分别作为自变量进行一元方差分析,研究实验类型和声音类型以及二者的交互作用对生理指标的影响。

对心率进行方差分析,结果如表 4.1 所示;对模型中的因子交叉项计算边际均值并绘制出柱状图,如图 4.8 所示。

表 4.1 动、静态视觉下的声景对心率的影响

源	III 类平方和	df	均方	F	Sig.
修正模型	186.880	7	26.697	1.808	0.086
截距	16.243	1	16.243	1.100	0.295
实验类型	8.422	1	8.422	0.570	0.451

续表

源	Ⅲ 类平方和	df	均方	F	Sig.
声景类型	151.380	3	50.460	3.416	0.018
实验类型 * 声景类型	26.194	3	8.731	0.591	0.621
误差	3 544.761	240	14.770		
总计	3 747.740	248			
修正后总计	3 731.642	247			

由表 4.1 可知,实验类型对心率的影响是不显著的,说明动态视觉和静态视觉下的声景之间心率不存在显著差异($p = 0.451 > 0.050$)。声景类型对心率的影响是显著的($p = 0.018 < 0.050$)。

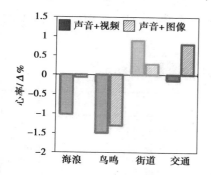

图 4.8　心率的边际均值(动、静态视觉)　　图 4.9　R 波幅度的边际均值(动、静态视觉)

从图 4.8 可以看出,海浪声景和鸟鸣声景的心率较低,低于静息态;而街道声景和交通声景下的心率较高,高于静息态。对 R 波幅度进行方差分析的结果如表 4.2 所示,相应的 R 波幅度的边际均值柱状图如图 4.9 所示。

表 4.2　动、静态视觉下的声景对 R 波幅度的影响

源	Ⅲ 类平方和	df	均方	F	Sig.
修正模型	217.119	7	31.017	1.100	0.364
截距	116.187	1	116.187	4.122	0.043
实验类型	0.773	1	0.773	0.027	0.869

续表

源	Ⅲ类平方和	df	均方	F	Sig.
声景类型	167.833	3	55.944	1.985	0.117
实验类型＊声景类型	45.375	3	15.125	0.537	0.658
误差	6 567.347	233	28.186		
总计	6 903.920	241			
修正后总计	6 784.467	240			

由表 4.2 可知,实验类型和声景类型对 R 波幅度的影响都是不显著的,说明人在动态场景和静态场景中时 R 波幅度不会发生改变,从图 4.9 中也很难看出不同声景下 R 波幅度的显著差异。

对心率变异性进行方差分析的结果如表 4.3 所示,如图 4.10 所示为该模型的边际均值柱状图。

表4.3 动、静态视觉下的声景对心率变异性的影响

源	Ⅲ类平方和	df	均方	F	Sig.
修正模型	27 230.198	7	3 890.028	3.862	0.001
截距	60 315.705	1	60 315.705	59.873	<0.001
实验类型	19 636.648	1	19 636.648	19.493	<0.001
声景类型	5 502.456	3	1 834.152	1.821	0.144
实验类型＊声景类型	1 529.720	3	509.907	0.506	0.678
误差	242 780.054	241	1 007.386		
总计	334 436.101	249			
修正后总计	270 010.252	248			

由表 4.3 可知,实验类型对心率变异性的影响是显著的($p<0.001$),结合图 4.10 可知,人在"声音+视频"组中的心率变异性更高,说明与动态视觉相比,静态视觉可以给人带来更高的心率变异性。声景类型对心率变异性的影响是不

显著的,不同声景下的心率变异性没有显著差异。

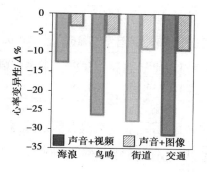 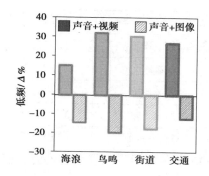

图4.10 心率变异性边际均值(动、静态视觉)　图4.11 低频的边际均值(动、静态视觉)

对低频进行方差分析的结果如表4.4所示,该模型的边际均值柱状图如图4.11所示。由表4.4可知,实验类型对低频的影响是显著的($p<0.001$),结合图4.11可知,人在"声音+视频"组中的低频更高,说明与动态视觉相比,静态视觉可以给人带来更高的低频。声景类型对低频的影响不显著,说明在4个声景中的低频没有显著差异。

表4.4 动、静态视觉下的声景对低频的影响

源	Ⅲ类平方和	df	均方	F	Sig.
修正模型	116 198.295	7	16 599.756	18.752	<0.001
截距	6 242.225	1	6 242.225	7.052	0.008
实验类型	109 764.579	1	109 764.579	123.996	<0.001
声景类型	1 797.886	3	599.295	0.677	0.567
实验类型 * 声景类型	4 459.871	3	1 486.624	1.679	0.172
误差	213 339.861	241	885.228		
总计	337 835.930	249			
修正后总计	329 538.156	248			

对高频进行方差分析的结果如表4.5所示,该模型的边际均值柱状图如图4.12所示。

表 4.5　动、静态视觉下的声景对高频的影响

源	III 类平方和	df	均方	F	Sig.
修正模型	424 472.628	7	60 638.947	13.167	<0.001
截距	67 030.414	1	67 030.414	14.555	<0.001
实验类型	411 639.840	1	411 639.840	89.381	<0.001
声景类型	3 601.585	3	1 200.528	0.261	0.854
实验类型 * 声景类型	8 764.570	3	2 921.523	0.634	0.594
误差	1 105 302.386	240	4 605.427		
总计	1 577 251.181	248			
修正后总计	1 529 775.014	247			

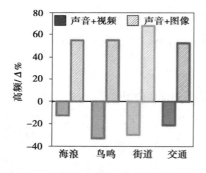

图 4.12　高频的边际均值(动、静态视觉)

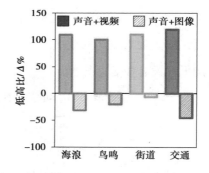

图 4.13　低高比的边际均值(动、静态视觉)

由表 4.5 可知,实验类型对高频的影响也是显著的($p<0.001$),从图 4.12 中可以看出,动态视觉组的高频的值相对更高。与低频指标相同,声景类型也不会对高频产生显著影响。对低高比进行方差分析的结果如表 4.6 所示,该模型的边际均值柱状图如图 4.13 所示。

由表 4.6 可知,低高比受实验类型的影响是显著的($p<0.001$),由图 4.13 可知,"声音+视频"组的低高比的值更低,低于静息态水平。声景类型对低高比的影响不显著。对 α 脑电波进行方差分析的结果如表 4.7 所示,该模型的边际均值柱状图如图 4.14 所示。

表 4.6　动、静态视觉下的声景对低高比的影响

源	Ⅲ 类平方和	df	均方	F	Sig.
修正模型	1 137 167.342	7	162 452.477	8.651	<0.001
截距	420 587.034	1	420 587.034	22.397	<0.001
实验类型	1 107 268.114	1	1 107 268.114	58.965	<0.001
声景类型	7 759.195	3	2 586.398	0.138	0.937
实验类型＊声景类型	22 289.565	3	7 429.855	0.396	0.756
误差	4 431 738.376	236	18 778.552		
总计	5 886 046.999	244			
修正后总计	5 568 905.719	243			

表 4.7　动、静态视觉下的声景对 α 脑电波的影响

源	Ⅲ 类平方和	df	均方	F	Sig.
修正模型	2 633.752	7	376.250	1.544	0.154
截距	1 474.257	1	1 474.257	6.048	0.015
实验类型	301.656	1	301.656	1.238	0.267
声景类型	1 247.416	3	415.805	1.706	0.167
实验类型＊声景类型	836.686	3	278.895	1.144	0.332
误差	54 111.264	222	243.744		
总计	58 051.750	230			
修正后总计	56 745.017	229			

由表 4.7 可知,声景类型和实验类型对 α 脑电波的影响都不显著。这说明不论在什么场景中,静态和动态视觉都不会引起 α 脑电波的变化。

对 β 脑电波进行方差分析的结果如表 4.8 所示,该模型的边际均值如图 4.15 所示。

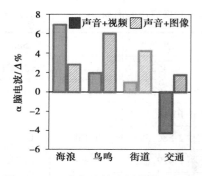

图 4.14 α 脑电波的边际均值(动、静
态视觉)

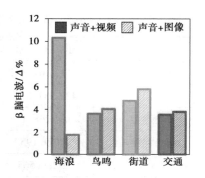

图 4.15 β 脑电波的边际均值(动、静
态视觉)

表 4.8 动、静态视觉下的声景对 β 脑电波的影响

源	Ⅲ 类平方和	df	均方	F	Sig.
修正模型	1 360.912	7	194.416	1.458	0.184
截距	4 921.226	1	4 921.226	36.913	<0.001
实验类型	162.784	1	162.784	1.221	0.270
声景类型	217.063	3	72.354	0.543	0.654
实验类型 * 声景类型	880.502	3	293.501	2.201	0.089
误差	28 930.400	217	133.320		
总计	35 526.007	225			
修正后总计	30 291.312	224			

由表 4.8 可知,实验类型和声景类型对 β 脑电波的影响都不显著,人们在不同场景下的 β 脑电波不会有显著差别。在静态图像和动态视频呈现的声景中,也不会观察到 β 脑电波的变化。对体表温度进行方差分析的结果如表 4.9 所示,该模型的边际均值柱状图如图 4.16 所示。

由表 4.9 可知,实验类型对体表温度的影响是显著的($p = 0.040 < 0.050$),结合图 4.16 可知,在"声音+视频"组中的体表温度比在"声音+图像"组中的要低。但人体的体温变化是十分微弱的,动态视觉的海浪声景是最低值,但只比静息态低 0.8%。在方差模型中,声景类型对体表温度的影响是不显著的。

表 4.9　动、静态视觉下的声景对体表温度的影响

源	Ⅲ类平方和	df	均方	F	Sig.
修正模型	23.432	7	3.347	1.534	0.156
截距	15.791	1	15.791	7.237	0.008
实验类型	9.305	1	9.305	4.265	0.040
声景类型	6.700	3	2.233	1.024	0.383
实验类型＊声景类型	6.851	3	2.284	1.047	0.373
误差	523.641	240	2.182		
总计	564.540	248			
修正后总计	547.073	247			

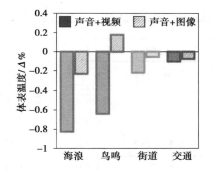

图 4.16　体表温度的边际均值(动、静
态视觉)

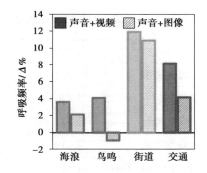

图 4.17　呼吸频率的边际均值(动、静
态视觉)

对呼吸频率进行方差分析的结果如表 4.10 所示,该模型的边际均值柱状图如图 4.17 所示。由表 4.10 可知,实验类型对呼吸频率的影响并不显著,动、静态视觉之间的变化不会造成呼吸频率的改变。而声景类型对呼吸频率的影响是显著的,从图 4.17 中可以看出,海浪和鸟鸣声景下的呼吸频率更低。

对呼吸深度进行方差分析的结果如表 4.11 所示,该模型的边际均值柱状图如图 4.18 所示。

表 4.10　动、静态视觉下的声景对呼吸频率的影响

源	Ⅲ类平方和	df	均方	F	Sig.
修正模型	4 173.762	7	596.252	2.711	0.010
截距	7 475.193	1	7 475.193	33.984	<0.001
实验类型	504.620	1	504.620	2.294	0.131
声景类型	3 546.771	3	1 182.257	5.375	0.001
实验类型 * 声景类型	170.940	3	56.980	0.259	0.855
误差	52 571.631	239	219.965		
总计	64 474.405	247			
修正后总计	56 745.393	246			

表 4.11　动、静态视觉下的声景对呼吸深度的影响

源	Ⅲ类平方和	df	均方	F	Sig.
修正模型	9 414.795	7	1 344.971	1.388	0.211
截距	2 146.468	1	2 146.468	2.215	0.138
实验类型	3 821.698	1	3 821.698	3.944	0.048
声景类型	4 019.367	3	1 339.789	1.383	0.249
实验类型 * 声景类型	1 548.112	3	516.037	0.532	0.660
误差	236 458.861	244	969.094		
总计	248 307.082	252			
修正后总计	245 873.656	251			

　　由表 4.11 可知,实验类型对呼吸深度的影响是显著的($p = 0.048 < 0.050$),总体看来,动态视觉情况下的呼吸深度更低,这说明人们在图像和声音组成的场景中更有可能进行深度呼吸。声景类型对呼吸深度的影响不显著。

　　对皮肤电阻进行方差分析的结果如表 4.12 所示,该模型的边际均值柱状图如图 4.19 所示。

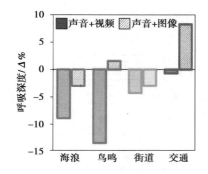

图 4.18　呼吸深度的边际均值(动、静态视觉)

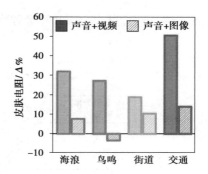

图 4.19　皮肤电阻的边际均值(动、静态视觉)

表 4.12　动静态视觉下的声景对皮肤电阻的影响

源	Ⅲ类平方和	df	均方	F	Sig.
修正模型	61 825.666	7	8 832.238	2.559	0.015
截距	97 071.680	1	97 071.680	28.126	<0.001
实验类型	38 920.721	1	38 920.721	11.277	0.001
声景类型	15 269.266	3	5 089.755	1.475	0.222
实验类型 * 声景类型	6 870.223	3	2 290.074	0.664	0.575
误差	835 205.249	242	3 451.261		
总计	999 465.440	250			
修正后总计	897 030.914	249			

　　由表 4.12 可知,实验类型对皮肤电阻的影响是显著的($p=0.010<0.050$),结合图 4.19 可知,动态视觉情况下的皮肤电阻值更高,这说明人在静态场景中可能更加放松。此外,在这个模型中,声景类型对皮肤电阻的影响是不显著的。

　　将本节中的方差模型汇总,得到实验类型和声景类型对各项生理指标影响的示意图,如图 4.20 所示,其中箭头表示存在显著影响。由图 4.20 可知,实验类型与声景类型的交互作用对所有的生理指标的影响都不显著,说明实验类型的影响趋势与声景类型的变化无关,反之亦然。实验类型对绝大部分的生理指标存在显著影响,但 R 波幅度、α 脑电波和 β 脑电波除外。声景类型则对生理指标的影响很小,只对心率和呼吸频率的影响是显著的。

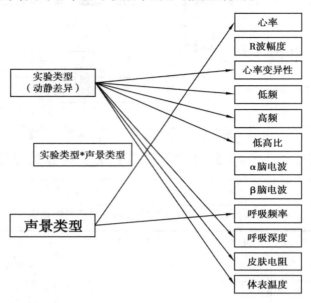

图 4.20 实验类型(动静差异)和声景类型对生理指标影响的方差模型总结

4.2.3 动态视频与静态图片对主观评价的影响

与生理数据类似,对主观恢复性数据进行降维后的 6 个主观恢复性因子进行方差分析,得到呈现方式、声音类型以及二者的交互作用对主观恢复性的影响的方差模型。其中主观评价因子是对"声音+视频"和"声音+图像"两组数据同时进行降维得到的,因为这样可以更加方便地比较二者之间的差异。对迷人性进行方差分析,结果如表 4.13 所示,对模型中的因子交叉项计算边际均值,并绘制出柱状图,如图 4.21 所示。

由表 4.13 可知,实验类型对迷人性的影响不显著($p=0.414>0.050$),说明人们无法分别出动、静态视觉声环境中迷人性的区别。声景类型对迷人性的影响是显著的($p<0.001$),从图 4.21 中可以看出,海浪和鸟鸣的迷人性较强,街道和交通的迷人性较弱,其中交通最低。此外,在模型中,实验类型和声景类型之间的交互作用也是显著的,但由于主效应中实验类型并不显著,所以在此不做

讨论。

表 4.13　**动、静态视觉对迷人性的影响**

源	Ⅲ类平方和	df	均方	F	Sig.
修正模型	155.773	7	22.253	57.020	<0.001
截距	0.001	1	0.001	0.002	0.969
实验类型	0.261	1	0.261	0.669	0.414
声景类型	152.959	3	50.986	130.642	<0.001
实验类型＊声景类型	4.066	3	1.355	3.473	0.017
误差	95.227	244	0.390		
总计	251.000	252			
修正后总计	251.000	251			

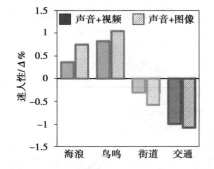 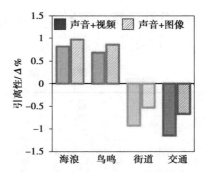

图 4.21　迷人性的边际均值(动、静态视觉)　图 4.22　引离性的边际均值(动、静态视觉)

对引离性进行方差分析的结果如表 4.14 所示,该模型的边际均值柱状图,如图 4.22 所示。

由表 4.14 可知,实验类型对引离性有显著影响,根据图 4.22 可知,图像+声音组的引离性更高,说明静态视觉营造的声景可以提高声景中的引离性。声景类型对引离性的影响也是显著的,海浪和鸟鸣声景的引离性很高,交通和街道声景的引离性很低,其中交通声景下最低。此外,实验类型和声景类型之间的交互作用不显著,说明声景类型的变化在动态和静态声景中的变化规律相同,反之亦然。

表 4.14　动、静态视觉对引离性的影响

源	III类平方和	df	均方	F	Sig.
修正模型	180.684	7	25.812	89.570	<0.001
截距	0.013	1	0.013	0.045	0.832
实验类型	5.723	1	5.723	19.857	<0.001
声景类型	172.040	3	57.347	198.996	<0.001
实验类型＊声景类型	1.180	3	0.393	1.365	0.254
误差	70.316	244	0.288		
总计	251.000	252			
修正后总计	251.000	251			

对远离性进行方差分析的结果如表 4.15 所示,该模型的边际均值柱状图如图 4.23 所示。

表 4.15　动、静态视觉对远离性的影响

源	III类平方和	df	均方	F	Sig.
修正模型	171.098	7	24.443	74.641	<0.001
截距	<0.001	1	<0.001	<0.001	0.985
实验类型	0.051	1	0.051	0.154	0.695
声景类型	170.427	3	56.809	173.480	<0.001
实验类型＊声景类型	0.925	3	0.308	0.942	0.421
误差	79.902	244	0.327		
总计	251.000	252			
修正后总计	251.000	251			

由表 4.15 可知,实验类型对远离性的影响不显著,说明人们在动态和静态声景中对远离性的评价没有显著差异。声景类型对远离性有显著影响,海浪和

鸟鸣的远离性为正值,而街道和交通的远离性为负值,其中街道的远离性低于交通。对兼容性进行方差分析的结果如表 4.16 所示,该模型的边际均值柱状图如图 4.24 所示。

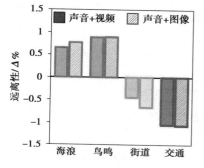

图 4.23 远离性的边际均值(动、静态视觉)

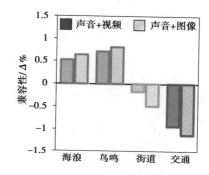

图 4.24 兼容性的边际均值(动、静态视觉)

表 4.16 动、静态视觉对兼容性的影响

源	III 类平方和	df	均方	F	Sig.
修正模型	133.244	7	19.035	39.442	<0.001
截距	0.001	1	0.001	0.002	0.968
实验类型	0.341	1	0.341	0.707	0.401
声景类型	131.733	3	43.911	90.987	<0.001
实验类型 * 声景类型	2.191	3	0.730	1.513	0.212
误差	117.756	244	0.483		
总计	251.000	252			
修正后总计	251.000	251			

由表 4.16 可知,实验类型对兼容性的影响不显著,这表明动态视觉和静态视觉下的声景的兼容性没有显著差别。声景类型对兼容性的影响是显著的,其中海浪和鸟鸣声景的兼容性较高,街道和交通声景的兼容性较低。

对一致性进行方差分析的结果如表 4.17 所示,该模型的边际均值柱状图如图 4.25 所示。

表4.17 动、静态视觉对一致性的影响

源	Ⅲ类平方和	df	均方	F	Sig.
修正模型	19.926	7	2.847	3.006	0.005
截距	<0.001	1	<0.001	<0.001	0.998
实验类型	0.004	1	0.004	0.004	0.950
声景类型	18.088	3	6.029	6.367	<0.001
实验类型 * 声景类型	2.221	3	0.740	0.782	0.505
误差	231.074	244	0.947		
总计	251.000	252			
修正后总计	251.000	251			

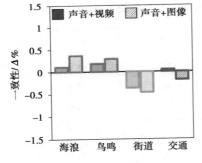
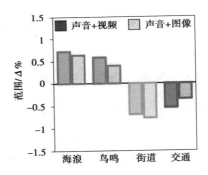

图4.25 一致性的边际均值(动、静态视觉)   图4.26 范围的边际均值(动、静态视觉)

由表4.17可知,实验类型对一致性的影响不显著,说明无法将一致性作为评价指标区分动态和静态声景。声景类型对一致性的影响是显著的,其中海浪和鸟鸣声景的一致性偏高,街道和交通声景的一致性偏低。但需要说明的是,人们对一致性的评价比较模糊,4种声景下的差异并不像其他主观评价因子那样明显。对范围进行方差分析的结果如表4.18所示,该模型的边际均值柱状图如图4.26所示。

由表4.18可知,实验类型对范围的影响不显著,说明动态和静态声景下范围的评价没有显著差别。声景类型对范围的影响是显著的,海浪声景和鸟鸣声

景的范围较高,街道声景和交通声景的范围较低,其中海浪声景的范围最高,街道声景的范围最低。

表 4.18　动、静态视觉对范围的影响

源	Ⅲ类平方和	df	均方	F	Sig.
修正模型	91.276	7	13.039	19.920	<0.001
截距	<0.001	1	<0.001	<0.001	0.986
实验类型	0.093	1	0.093	0.142	0.707
声景类型	89.287	3	29.762	45.466	<0.001
实验类型 * 声景类型	1.176	3	0.392	0.599	0.616
误差	159.724	244	0.655		
总计	251.000	252			
修正后总计	251.000	251			

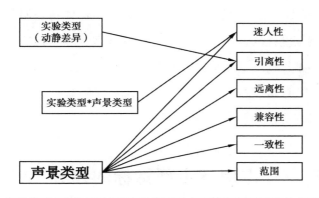

图 4.27　实验类型(动静差异)和声景类型对主观恢复因子影响的方差模型总结

　　总结本节中的方差分析模型,得到实验类型和声景类型对主观恢复因子的影响的示意图,如图 4.27 所示,其中箭头代表自变量对因变量的影响显著。由图可知,声音类型对所有的主观恢复因子都存在显著影响。而呈现方式只影响了引离性(视频场景的引离性要低于图像场景的引离性)。声音类型与呈现方式的交互作用对迷人性有显著影响,在由海浪声和鸟鸣声的自然声构成的场景中,视频的迷人性比图像的低,而在街道和交通的噪声中,视频的迷人性更高。

呈现方式和声景类型的交互作用并没有从根本上造成不同声景中迷人性的差异,即不论以什么样的方式呈现声景,鸟鸣声与海浪声的迷人性都是正向积极的,而街道和交通的噪声都是负向消极的。

由于实验中选择的场景很具有代表性,因此它们在主观恢复性上的差异是十分显著的,基本上自然声和噪声分别分布在每一个主观评价因子的两极。然而,通过生理指标的数据很难区分出不同类型的声景,这很可能是因为生理数据的变化在很大程度上是个体差异造成的。即便本书的所有实验都采用归一化的方法将不同被试之间的差异降到了最低,但个体之间的差异(主要是对环境的敏感程度,即个体在不同场景中变化浮动的范围)依然是影响生理指标的重要原因,这些差异很可能是方差分析中生理指标的主要误差。另一方面,大部分生理指标的变化是相对稳定的,在我们选择的 4 个场景中没有出现极端的刺激(没有明显的惊吓刺激,因此也不会产生强烈的情绪反应),人们在场景中的生理指标同样不会出现剧烈的变化,这是人的生命体稳态调节机制的本能。相比之下,主观恢复性的评价处在两极分化的状态,噪声与自然声之间的差异是巨大的,有些被试情况是在李克特量表中的 1 ~ 7 取极端值。因此,当以上原因体现在数据中,就可以观察到主观评价更加趋于一致性,而生理指标之间的变化则更为随机的现象。

4.3　视听交互作用下生理指标的差异

本节讨论视听交互对生理指标的影响,以"声音+视频"的呈现方式,更接近真实环境的标准情况,比较其与纯声音下、纯视频下的生理指标的差异。建立方差模型后,通过比较"声音+视频"组和纯声音组之间的差异,研究视觉因素对听觉感受的影响。同样,可以通过比较"声音+视频"组和纯视频组之间的差异,研究听觉因素对视觉感受的影响。

4.3.1　生理指标受视觉和听觉因素影响的模型构建

方差分析模型中的呈现方式包括 3 个水平(声音+视频、纯声音和纯视频)，声景类型包括 4 个水平(鸟鸣、海浪、街道、交通)，得到的结果如表 4.19 所示。针对每个模型中的因子交叉项，计算边际均值，并绘制出折线图如图 4.28 所示。由于方差模型输出结果较多，表 4.19 中对结果进行了简化，只保留了主效应以及交互作用的结果。

表 4.19　生理指标的方差分析("声音+视频"组、纯视频组和纯声音组)

生理指标	源	Ⅲ类平方和	df	均方	F	Sig.
心率	实验类型	295.971	2	147.985	12.999	<0.001
	声景类型	181.468	3	60.489	5.313	0.001
	实验 * 声景	22.081	6	3.680	0.323	0.925
R 波幅度	实验类型	55.369	2	27.684	1.354	0.260
	声景类型	60.274	3	20.091	0.982	0.401
	实验 * 声景	259.348	6	43.225	2.113	0.051
心率变异性	实验类型	57 235.955	2	28 617.977	33.403	<0.001
	声景类型	4 178.370	3	1 392.790	1.626	0.183
	实验 * 声景	3 885.865	6	647.644	0.756	0.605
低频	实验类型	151 439.406	2	75 719.703	105.926	<0.001
	声景类型	5 248.486	3	1 749.495	2.447	0.064
	实验 * 声景	2 119.196	6	353.199	0.494	0.813
高频	实验类型	564 224.41	2	282 112.2	66.532	<0.001
	声景类型	22 938.909	3	7 656.303	1.803	0.146
	实验 * 声景	5 175.585	6	862.597	0.203	0.976
低高比	实验类型	1 561 326.120	2	780 663.060	40.708	<0.001
	声景类型	220 744.567	3	73 581.522	3.837	0.010
	实验 * 声景	103 794.441	6	17 299.074	0.902	0.493

续表

生理指标	源	Ⅲ类平方和	df	均方	F	Sig.
α 脑电波	实验类型	1 059.111	2	529.556	2.635	0.073
	声景类型	2 885.537	3	961.846	4.787	0.003
	实验 * 声景	1 263.448	6	210.575	1.048	0.394
β 脑电波	实验类型	1 784.344	2	892.172	8.512	<0.001
	声景类型	946.448	3	315.483	3.010	0.030
	实验 * 声景	759.152	6	126.525	1.207	0.302
体表温度	实验类型	19.253	2	9.627	6.312	0.002
	声景类型	9.595	3	3.198	2.097	0.100
	实验 * 声景	10.273	6	1.712	1.123	0.348
呼吸频率	实验类型	7 011.902	2	3 505.951	16.413	<0.001
	声景类型	1 288.745	3	429.582	2.011	0.112
	实验 * 声景	1 471.784	6	245.297	1.148	0.334
呼吸深度	实验类型	9 223.919	2	4 611.959	6.191	0.002
	声景类型	2 503.855	3	834.618	1.120	0.341
	实验 * 声景	3 242.874	6	540.479	0.725	0.629
皮肤电阻	实验类型	36 837.900	2	18 418.950	5.229	0.006
	声景类型	6 230.104	3	2 076.701	0.590	0.622
	实验 * 声景	41 490.966	6	6 915.161	1.963	0.070

由表 4.19 可知,呈现方式与声景类型的交互作用对所有生理指标的影响都不显著,说明呈现方式的影响趋势与声景类型的变化无关,反之亦然。呈现方式对于绝大部分的生理指标有显著影响,除 R 波幅度和 α 脑电波之外。声景类型对生理指标的影响很小,仅对心率、低高比、α 脑电波和 β 脑电波的影响是显著的。

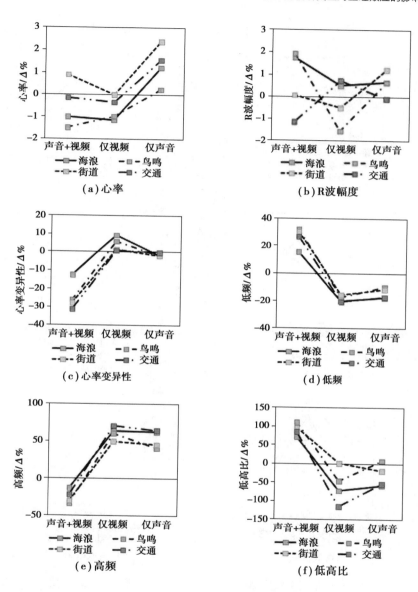

（a）心率

（b）R 波幅度

（c）心率变异性

（d）低频

（e）高频

（f）低高比

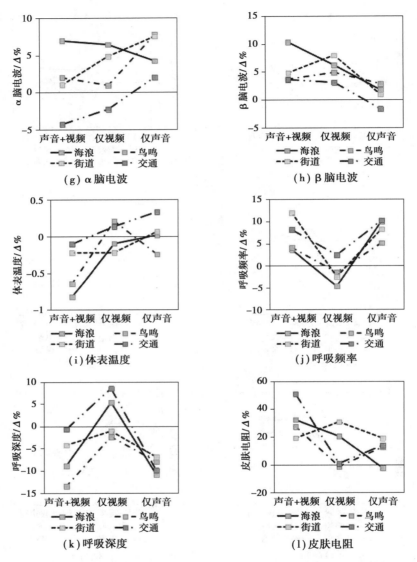

图 4.28 生理指标在不同声景类型和呈现方式("声音+视频"组、纯声音组和纯图像组)
下的边际均值

为了更加清晰、直观地呈现方差模型结果,将自变量与因变量之间的显著
关系以图像形式表达,如图 4.29 所示,其中箭头代表了显著影响的作用。

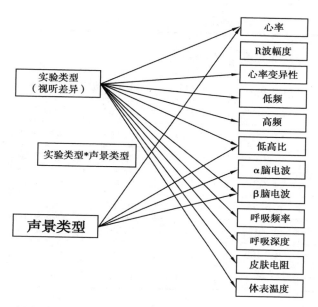

图4.29 实验类型(视听差异)和声景类型对生理指标影响的方差模型总结

4.3.2 声景中视觉因素对声音感知的影响

由于方差分析只能检验呈现方式对生理指标是否存在影响,无法比较变量中不同水平之间的差异,因此采用邓尼特法(Dunnett test)进行事后检验,该检测方法适合以其中一种水平作为对照组,且对变量个数相同的均值进行比较[183],因此该方法十分适合本章实验的结果处理。本节以"声音+视频"组作为对照组,分析其与纯声音组之间的差异,结果如表4.20所示。表中用星号(*)上角标对具有显著差异的均值($p<0.050$)进行了标注。

表4.20 各项生理指标在纯声音组与"声音+视频"组之间的事后检验

生理指标	均值差值	标准误差	Sig.	95% 置信区间	
				下限	上限
心率	1.77 *	0.423	<0.001	0.832	2.710
R 波幅度	−0.047	0.572	0.995	−1.318	1.224
心率变异性	22.828 *	3.645	<0.001	14.728	30.927

续表

生理指标	均值差值	标准误差	Sig.	95% 置信区间	
				下限	上限
低频	−39.897*	3.336	<0.001	−47.308	−32.486
高频	77.404*	8.110	<0.001	59.370	95.439
低高比	−121.056*	17.319	<0.001	−82.536	−159.576
α 脑电波	4.001*	1.769	0.045	0.070	7.932
β 脑电波	−4.669*	1.290	0.001	−7.534	−1.803
体表温度	0.489*	0.153	0.003	0.148	0.829
呼吸频率	1.427	1.820	0.651	−2.618	5.472
呼吸深度	−2.109	3.386	0.760	−9.633	5.416
皮肤电阻	−21.684*	7.390	0.007	−38.105	−5.262

由表 4.20 可知,"声音+视频"组与纯声音组在除 R 波幅度、呼吸频率和呼吸深度之外的所有生理指标中存在显著差异。这说明加入视觉因素后,视觉对听觉感知造成了显著影响。视觉因素的加入使心率、心率变异性、高频、α 脑电波、体表温度降低,同时使低频、低高比、β 脑电波和皮肤电阻值升高。这说明,人在"视觉+听觉"的环境中很可能比纯听觉的环境中更加紧张,与纯声音刺激相比,视觉因素增强了人的感受,人的心率和心率变异性会下降,皮肤电阻值也会随之升高,这些指标与紧张的感觉相关。呼吸频率和呼吸深度在结果中均不显著。这表明,声景中视觉的加入并没有影响个体对呼吸的调节。

4.3.3　声景中听觉因素对视觉感知的影响

与前一节相同,将纯视频组与"声音+视频"组进行事后检验,分析声音对视觉的影响。声音对视觉的影响的事后检验结果如表 4.21 所示。

表 4.21　各项生理指标在纯视频组与"声音+视频"组之间的事后检验

生理指标	均值差值	标准误差	Sig.	95% 置信区间	
				下限	上限
心率	−0.204	0.429	0.851	−1.157	0.749
R 波幅度	−0.867	0.582	0.236	−2.158	0.425
心率变异性	28.680*	3.713	<0.001	20.428	36.932
低频	−44.402*	3.391	<0.001	−51.936	−36.868
高频	85.257*	8.345	<0.001	66.699	103.814
低高比	−149.895*	17.834	<0.001	−110.229	−189.561
α 脑电波	1.037	1.795	0.789	−2.953	5.027
β 脑电波	−0.136	1.306	0.992	−3.037	2.765
体表温度	0.454*	0.156	0.007	0.108	0.800
呼吸频率	−8.461*	1.847	<0.001	−12.565	−4.356
呼吸深度	9.394*	3.443	0.013	1.743	17.045
皮肤电阻	−19.774*	7.513	0.017	−36.469	−3.079

由表 4.21 可知,声音的加入会显著影响纯视觉场景中的大部分生理指标,包括心率变异性、低频、高频、低高比、体表温度、呼吸频率、呼吸深度和皮肤电阻。与视觉对听觉的影响相似,声音的加入会使心率变异性、高频、体表温度、呼吸深度下降,使低频、低高比和呼吸频率上升。与视觉的影响不同,听觉对脑电的影响不显著,但对呼吸的影响显著。听觉的加入,会使人在场景中的呼吸频率上升、呼吸深度下降。换句话说,场景中加入听觉因素会使人的呼吸变得急促。

在 4.2.1 节的模型中,心率、低高比、α 脑电波和 β 脑电波在不同的声音中的差异是显著的,然而我们只能在心率的边际均值图(图 4.8)上看出规律,即自然声下的心率比噪声下的更低。对于其他生理指标,折线图的交叉都十分复杂,这表明很难通过生理指标把声景进行分类。这同时也说明,单一模态的感知与视听交互下的感知的差异很大。值得注意的是,在"声音+视频"的呈现方式下,人们的生理指标更符合自然声与噪声的规律,即在自然场景中人的生理指标更放松,而在噪声中生理指标会更紧张。自然声中,呼吸频率会更低、α脑电波会更高,这些现象与第3章中得到的结论吻合。这说明在视听交互的呈现方式下,人们的反应更接近真实,在这种情况下,人们的生理感受与主观上的常识性感受更加吻合。在纯声音和纯视频下,人的生理感受会发生变化,主观上舒适的场景在单一的知觉刺激下并不一定是舒适的。

在4.3.1节的方差模型中,声音类型对生理指标的影响只在心率和呼吸频率上是显著的,其他生理指标没有显著差别,这可能是呈现方式对生理指标的影响更大导致的。从图中可以看出,包括海浪声和鸟鸣声在内的自然声中的心率和呼吸频率[图4.28(a)和图4.28(j)]要显著低于街道和交通等的噪声。不仅如此,在其他一些生理指标中也可以看到类似的趋势。相比于噪声,在自然声中人们的R波幅度和心率变异性更低。

在本章中没有发现与前人关于主观评价的研究存在类似的结论,即整体舒适度受听觉舒适度的影响更大[158,170]。因为在本章的研究中,很难评判视觉和听觉的影响究竟是哪一方面更大一些。从影响的指标范围来看,视觉的影响范围包括绝大部分指标(除了R波幅度、呼吸频率和呼吸深度),这说明视觉的影响不涉及对呼吸的调节。听觉的影响不包括心率、R波幅度、α脑电波和β脑电波,说明听觉对心率和脑电的影响不显著。从影响的程度来看,听觉对心率变异性相关指标的影响更大,视觉对皮肤电阻的影响稍大一些;但是,这些影响在程度上的差异都是很小的。也就是说,纯视觉组和纯听觉组之间的差异相对较小,而它们与视听交互组之间的差异相对更大。这说明单纯的声音作用和单纯的视觉作用在生理上的效应相似,都没有视听交互的作用大。综上所述,在生理指标上视觉和听觉的影响体现在不同的方面,在作用效果上并没有显著差异。

4.4　视听交互对生理指标影响的实际意义及声景设计建议

基于本章前一部分的研究结果,本节进一步讨论主观和生理在视听交互声景中的差异以及视觉和听觉在景观设计中的作用,进而探究这一系列现象在实际的城市公共开放空间中的意义,并对实际的声景及空间设计提供建议。

4.4.1　主观评价和生理反应在视听交互上的差异

本章需要回答的一个重要问题是,在空间环境中人的主观感受和生理反应之间存在着怎样的差异。从场景类型的角度分析,本章研究中选择了 4 种最为典型且最具有代表性的场景,因此这 4 种场景在主观评价上是截然不同的。海浪声和鸟鸣所代表的自然声在主观上要明显优于街道和交通场景中的噪声,这一现象是声环境研究中的常识。但是,同样的趋势在生理指标中的反应并不是十分强烈。本章的实验结果表明,只有几个生理指标是受场景因素影响的,这意味着场景因素对主观评价的影响更为显著,而对生理指标的影响较弱。

从呈现方式的角度分析,人们在主观上对呈现方式的反应并不强烈,尤其是对动态场景和静态场景的评价,人们对这两种呈现方式的主观感受几乎没有差异。但是,人们很容易从生理上感受到不同的呈现方式的变化,在大部分生理指标中都能观察到静态场景和动态场景的差异。这意味着,虽然在很多情况下场景中的运动元素或视听元素的缺失不会对人们的心理造成过大的影响,但可以使人们的生理反应发生改变。

综上所述,在实际的声景设计以及噪声控制中,应当在考虑主观感受的同时也考虑人的生理感受,更多地注重视觉和听觉的呈现效果,在进行主观评价的同时也可以根据生理指标的实际测量对景观设计的评价进行指导。

4.4.2 视觉和听觉在景观设计中的生理效应

视觉因素和听觉因素在实际的景观设计中到底哪一方面更为重要？在前人的研究中存在两种不同的说法：部分景观设计研究表明，视觉因素是环境设计中的主要因素；但也有一部分研究表明整体的环境评价中，对声音的评价更为重要。在本章的研究中，分别比较了在场景中加入视觉因素对生理指标的影响和加入听觉因素对生理指标的影响。从结果上看，很难从生理上区分出视觉和听觉究竟哪一种因素的影响更大一些。视觉因素影响除 R 波幅度、呼吸频率和呼吸深度以外的其他生理指标，而听觉因素会影响除心率、R 波幅度以及脑电波以外的大多数生理指标。从影响的效应来看，视觉因素对皮肤电阻的影响更大，而听觉因素对心率变异性的影响更大。总体来看，视觉和听觉都会影响大部分的生理指标，虽然影响的范围稍有不同，但影响的作用是相似的。因此本书的研究结论认为，在实际的空间环境设计中，视觉因素和听觉因素应当是同等重要的。

另一个重要结论是，视觉和听觉在生理效应上确实存在一定的交互作用，视觉和听觉因素会彼此影响。从 4.3.1 节的图中可以看出，视听因素同时出现的场景要比视觉和听觉因素单一呈现时的刺激更强，人们在视听交互环境下的生理反应更为强烈。这很可能是由于双通道的感官刺激带给了人们更丰富的感受，进而引起了更为强烈的生理反应。更为重要的是，本章的实验发现，视听交互状态下人们的反应与他们在主观上的实际感受更为相似。这表明，人们对于城市公共开放空间中的声景的感知和对声环境的评价是基于视觉和听觉因素同时存在的情况。单一感知的刺激并不一定能够带给人与在多感官情况下相同的感受。比如在纯粹声音的情况下（同等声压级），海浪声中的生理恢复性与交通噪声中的生理恢复性相比，并没有明显的优势。这是因为在单一的感官刺激下，人们很难通过纯粹的声音或视觉刺激对环境产生经验上的认知。

因此，在环境控制方面，不建议通过屏蔽单一感觉的方式来减少人们的负面情绪,而是通过视听结合的方式引入积极的自然场景和自然声音,或是在屏蔽有害噪声的同时尽量控制视觉因素的干扰。

4.4.3　对城市声景设计及声环境规划的建议

本章研究发现,生理与主观之间并不是完全同步的,因此建议在针对城市声景或城市景观进行整体评估时可以引入生理指标的检测,将其作为主观评价的补充。

本章在视听交互的条件下验证了压力恢复理论,这在心率等大多数生理指标中都有所体现,即视听交互下的自然环境能够使人在生理上更加放松;但是在视觉或听觉不完整的情况下,自然场景可能会失去优势。在某些场景下,单一模式可能会引起人们紧张、产生压力。例如在只有听觉的情况下听到海浪声,以及在没有声音的情况下感受森林场景。这些现象说明在城市设计中需要同时考虑视觉、听觉等多感觉因素。因为在实际的城市设计中,有时不经意的设计掩盖了部分视觉或听觉因素,形成了所谓的掩蔽效应,比如某些低频噪声掩盖了与场景相契合的一些声音,这会导致人们在这个场景中对整体环境缺乏认知,进而影响人们的生理反应。此外,动态视觉和静态视觉的差异表明,虽然主观上人们很难察觉静态场景和动态场景之间的差异,但部分生理指标能够敏锐地体现这一差异。静态场景能够使人生理上更加放松。因此,在城市景观设计中,控制动态场景、更多地引入静态场景,可以使人在生理上更加舒适。具体来说,本章针对城市空间中的视听交互声景设计提出以下建议:

①应当同步考虑视觉和听觉。视觉和听觉元素在城市空间中的设计是同等重要的,并且需要同时考虑。在实际设计中,应当尽量避免听觉因素和视觉因素相互违和或缺失的情况,因为这会使人们对环境的经验感知出现误差,从而产生负面的生理反应。因此,在控制听觉元素的同时也应当控制视觉元素,比如在屏蔽交通噪声、引入自然声音的同时,也应当在适当的程度上提供足够的视觉上的自然元素,从而使视觉和听觉的认知同步,使人们对视、听觉的感受

符合整体上的城市空间认知。

②注意视觉和听觉之间存在差异的情况。前一条中的建议是最理想情况下的设计,在实际的环境案例中往往会出现声音和视觉刺激不同步的情况。这会导致人们在视觉和听觉上的认知冲突,因此要尽量将声源出现的方向与视觉因素出现的方向同步,避免出现二者之间因认知冲突而相互忽视的情况。

③在安静区域避免动态刺激。公园和广场内应当设置足够范围的安静区域,以提供生理上的恢复性环境。在进行设计时,应当在控制声音环境的同时,尽量避免动态视觉的刺激。比如应尽量在视觉范围内关注静止的湖面或树林,避免远处的人群活动或其他娱乐设施出现在视野中。遵循这一原则,可以更大程度地使人达到生理上的放松,起到恢复作用。

4.5 本章小结

本章通过实验室研究,揭示了视听交互下的声景生理指标与主观恢复因子的变化趋势,主要分析了视觉对听觉和听觉对视觉在生理指标上的影响,以及动态视觉与静态视觉在声景呈现上的主观和生理上的差异。具体得出以下结论:

①对 4 种声景来说,鸟鸣声和海浪声的主观恢复性很高,鸟鸣声的主观恢复性要高于海浪声的主观恢复性。交通声的主观恢复性要比街道声的更低。而声景类型对生理指标的影响只在心率和呼吸频率上是显著的。

②声景中加入视觉因素后,视觉对声音造成了影响。视觉的加入使心率、心率变异性、高频、α 脑电波和体表温度降低,同时使低频、低高比、β 脑电波和皮肤电阻值升高。

③视觉场景中加入声音后,声音会显著影响纯视觉场景中的大部分生理指标,会使心率变异性、高频、体表温度、呼吸深度降低,而低频、低高比、呼吸频率和皮肤电阻值升高。

④动态视觉与静态视觉呈现的声景在部分生理指标上存在显著差异。相比图片,视频引起的心率变异性、高频和体表温度更低,而皮肤电阻值、低频和低高比更高。动态视觉与静态视觉呈现的声景在主观恢复性上的差异较小。

此外,根据本章的研究结果发现,主观评价更趋于一致性,而生理指标之间的变化则更为随机。在视听交互的呈现方式下,人的生理指标更符合规律,纯声音和纯视频下人的生理感受会发生变化,主观上舒适的场景在单一的知觉刺激下并不一定是让人感觉最舒适的。在生理指标上,视觉和听觉的影响体现在不同的方面,影响并没有显著的差异。相比动态视频,通过静态视觉呈现的声景能够使人在生理上更加放松。因此,建议在构建恢复性声景环境时,多采用静态元素营造声景,这样不仅可以给人带来更舒适的生理指标,声景的主观恢复性也会得到提升。

第5章　声景中的声音频谱对生理效应的影响

在明确了时间因素和视听交互对生理指标的影响之后,本章主要研究声景中的声学参数,即声压级和频谱对人体生理感受的影响。通过对海浪声和交通声的比较,研究在 3 种声音衰减方式下生理指标与主观评价的变化。希望通过实验室研究解决以下 3 个问题:①城市公共开放空间的声景中声源距离以及声音衰减方式的变化如何影响人们的主观评价? ②城市公共开放空间的声景中声源距离及声音衰减方式的变化如何影响人们的生理指标? ③生理指标与主观评价之间在声源距离和声音衰减方式上存在怎样的差异,二者的变化趋势有何异同?

5.1　实验的背景及细节

5.1.1　实验背景

道路交通噪声是最常见的环境噪声源,具有引起人类疾病的潜在风险,例如心脑血管疾病[184]、糖尿病[185]、失眠[186-189]和房颤[190]。噪声对健康的负面影响早已成为学界的共识,因此,对交通噪声进行控制的基本方法是从物理空间上增加道路与噪声敏感区域之间的距离。然而,在实际的规划设计中,有限的城市环境下很少存在足够的后退距离。替代的噪声控制方法包括:控制交通速度和交通类型；建立隔音屏障或将敏感房间放置在建筑物的安静侧；控制立面的隔音。目前，作为衡量噪声控制的标准，交通噪声指数（Traffic Noise Index，TNI）仍然是以声压级作为主要的评价指标，而很少考虑声音的频谱特性。现有证据表明，声音频谱在引发烦恼情绪中起着重要作用[191-193]。此外，约恩特（Joynt）和康（Kang）的研究[194]表明，人对交通噪声的感知会受多方面因素影响，甚至是对材料的主观偏见也会影响噪声隔声屏的实际效果。因此，我们需要从人的实际感受出发，研究声压级的衰减对人的影响。

　　声景的研究给噪声控制提供了新的研究方向，其更注重人在声环境中的感知，而非单纯研究声音中的物理量[88]。目前声景研究主要有 4 种方法，声景漫步、实验室实验、叙述性访谈以及行为分析[195]。正如本书在综述部分提到的，在现有的研究中，实验室实验主要通过问卷形式研究人在声景中的反馈，很少通过生理测量的方式获得人的感受[80,179]。已有的生理研究主要集中在声景对人的恢复效应上[76,180]。

　　声景研究同样注重对声景属性的分类和评价研究，一般认为自然声会带给人积极正面的效应，相反，机械声则给人带来消极负面的影响。已有研究表明，自然声对交通噪声具有掩蔽效应，尤其是水声对交通噪声具有掩蔽效应[196]。实验室研究结果表明，自然声尤其是喷泉声，可以显著降低交通噪声的主观响度、讨厌度等一些负面的主观评价指标值，该效应在水声低于交通声 3 dB 的情况下最为显著[197-201]。

　　在水声声景的研究中，水体对象的选择主要集中在喷泉或溪流上，很少有关于海浪声的研究。一些实验表明，水声中应当避免产生与道路交通相似的低频成分，否则会影响对噪声的掩蔽效应[198]。但另一方面，海浪声一直作为舒缓或催眠的音乐，被疾病康复以及治疗失眠的研究推荐[201]。这些效应也在生理及健康方面得到一部分证实。交通声对人们的睡眠造成了很大影响[202,203]，但海浪声具有很强的恢复效应，并可以作为康复及催眠的音乐。梅德韦杰夫等人[76]也将海浪声作为自然声，比较了海浪声与交通声之间在生理恢复性上的差异。为什么海浪声与交通声的声学属性相似,在评价上会出现截然不同的结果？海浪声与交通声在感知和认知的过程中存在哪些差异,这些差异又是如何影响心理及生理恢复的？解决上述这些问题,需要从声音频谱的角度来分析声景与恢复效应之间的关系。因此,海浪声与交通声的相似性和差异性值得研究。

还有一部分研究关注声景重现的生态有效性。生态有效性的概念最早从视觉领域引入,用于表达在生态条件下研究感知的需要。如果参与者在某种程度上做出与自然环境中一样的反应,就说明实验方案在生态上是有效的[204]。鉴于许多较为灵敏的生理指标必须在实验室环境中执行,因此复制声景的生态有效性是至关重要的考虑因素。声景的生态有效性涉及实验室中的声景还原方式。实验室中通常通过双耳听觉重现声景或立体声作为声源的回放。立体声可以给被试带来更好的沉浸感,因为在实验时被试可以通过旋转头部获得更真实的声音体验。双耳录音则普遍用于生理指标的研究中,因为多数生理指标比较敏感,如测量脑电等指标时要求被试不能移动身体和头部。因此在不需要声音交互的实验中,双耳录音作为固定方向的录音,可以十分接近人耳听力。

有关声音衰减的研究在噪声研究领域早已十分成熟。声音以平方反比定律衰减,但在一定距离以外,高频声与低频声之间的衰减速度不同,高频声更难穿透物体,衰减速度会比低频声更快。因此,声音在实际的自然衰减等过程中不只是整体声压级降低,而且声音的频谱结构将会改变。在阿尔瓦尔森等人[77]的研究中,高声压级的交通声与低声压级的交通声采用同一段录音,只是将等效声压级从 80 dB 调整到 50 dB。更多的研究通过真实采集的不同位置的录音来研究人们对声音感知的差异。真实的录音与人为衰减的录音之间的频谱差异能否被人感知到？人为衰减的声音是否也具有生态有效性？这些问题的答案都尚待研究。

综上所述,在声景领域的研究中,对于水声及其与交通声之间的差异以及相互作用的研究已有很多。但很少有从距离和衰减方式的差异上分析二者对人们感知声音环境的影响,更很少有人从生理层面分析距离远近及声音衰减对人体恢复效应的影响。因此,本章将通过在实验室中还原海浪声和交通声,测量被试的生理反应以及主观评价,具体研究以下问题:交通声与水声的声源距离以及声音衰减方式的变化是如何影响人们的生理指标以及主观评价的? 生理指标与主观评价在频谱变化方式上存在怎样的差异,二者的变化趋势有何异同?

5.1.2　实验刺激

为了更好地研究声音的衰减,本章实验选取海浪声(晴天平静时的无人海浪和沙滩)与高速路交通声(城郊快速公路)作为声音样本。如前一节中所述,选取这两种声音的主要原因有以下两个:这两种声音在频谱上比较相似,但分别属于自然声与机械声的范畴;在这两种声音的实际场地中,距离声源 200 m 的范围以内都没有其他声源的干扰,方便采集衰减的声音。

本章实验采集的声景采用视频与音频结合录制,每个场景中,在同一时间不同位置同时录制两段声音,分别在靠近声源处(海浪声景中在沙滩上;交通声景中在公路边缘)与远离声源处(海浪声距离 60 m、交通声距离 120 m)录制。将同时记录的两组声景中近距离的声音进行等效声压级压缩,并使其等效 A 声压级大小与远距离的声音样本相等,这样便制造出海浪和交通声景下的两个人工的声音样本。人工的声音样本与远处的声音在声压级上相等,在频谱特性上却与近距离的声音相似。如图 5.1、图 5.2 分别为海浪声和交通声的录制现场图以及声音频谱的处理过程,如图 5.3 为海浪和交通声景中 3 种距离方式的声压级随频率的分布。

如图 5.1、图 5.2 所示,近处的声音在整体水平降低的同时,其时间变化性也降低了。海浪声与交通声在频谱上有很大的相似性,近处的海浪声与近处的交通声都具有很高的声压级,但海浪声的规律性更强。从图 5.3 中可知,随着距离的增加,海浪声与交通声的时间变化性均降低,但在交通声中高频的成分较少,而低频噪声的比重较大。在海浪声中可以观察到频谱随时间的变化出现了规律性的图案,这是浪花拍打在沙滩上产生的规律性声音,浪花之间的间隔大约为 5 s。交通噪声中,由于记录的道路中车辆的行驶没有呈现任何间断,且车辆之间的间隔是随机的(其中大型运输车辆占所有车辆的 40% 左右),因此交通声听起来没有规律性。所有录音的频谱在双耳之间不存在显著差异。

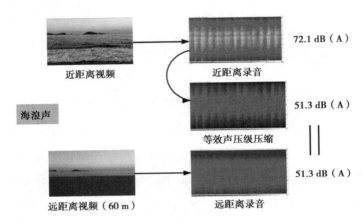

图 5.1 海浪声景下的录制现场及频谱图

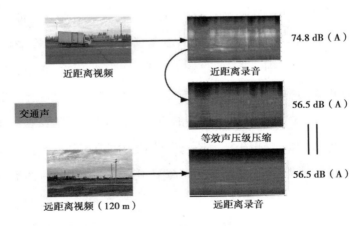

图 5.2 交通声景下的录制现场及频谱图

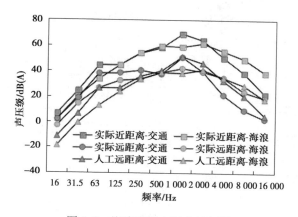

图 5.3　海浪声与交通声的频谱

5.1.3　实验细节

5.1.3.1　实验参与者

本章实验参与者为 180 名在校本科生及研究生,平均年龄为 20.29 岁(标准差＝3.171;最小值＝17,最大值＝34),其中男性 98 人,女性 82 人。由于本章实验将进行不同的衰减方式下的差异性分析,因此需要每种情况下都有 30 人以上的样本,并且在后续的相关性分析中也需要充足的样本量才能获得可靠的规律,因此本章实验的样本量设计为 180 人。

5.1.3.2　问卷设计

区别于前两章实验中用到的声景的主观恢复性量表,本次实验的被试需要通过成对的比较词来整体描述其所听到的声景。目前,国内外的研究已经形成了丰富的语义评价指标,在评价词的选择上,参考前人的文献[19,21,161],将主观恢复性问卷设计为 11 对比较词。上述文献中已经证明,这些评价词不仅通俗易懂,并且可以全面地评价声景。问卷中所有项均为 7 级语义差分量表,以舒适度为例,7 个等级分别为非常不舒适、不舒适、有点不舒适、适中、有点舒适、舒适、非常舒适,依次对应问卷中的 1 ~ 7 分。问卷内容如表 5.1 所示,问卷通过 E-prime 软件编辑并通过电视屏幕呈现。

表 5.1　主观评价因子及问卷内容

评价因子	问卷内容
舒适性	不舒适←1—2—3—4—5—6—7→舒适
粗糙度	温和←1—2—3—4—5—6—7→刺耳
愉悦度	不愉快←1—2—3—4—5—6—7→愉快
主观响度	安静←1—2—3—4—5—6—7→吵闹
喜好度	不喜欢←1—2—3—4—5—6—7→喜欢
熟悉度	陌生←1—2—3—4—5—6—7→熟悉
主观强度	弱←1—2—3—4—5—6—7→强
兴奋度	平静←1—2—3—4—5—6—7→兴奋
事件感	无事件感←1—2—3—4—5—6—7→多事件感
混乱度	单调←1—2—3—4—5—6—7→混乱
协调度	不协调←1—2—3—4—5—6—7→协调

5.1.3.3　实验流程

实验将被试随机分为 3 组,每组 60 人。被试需要按照要求,观看视频并聆听声音,想象自己置身于屏幕所呈现的声景中。每组实验分别以不同的方式呈现声景:近距离的声景(实际近距离组)、远距离的声景(远距离录制下的真实衰减,实际远距离组)、控制声压级的声景(人工远距离组)。

实验具体流程与前两个实验大致相同,但在本章实验中,被试只会被呈现两种声景:海浪声景与交通声景。每个声景随机出现,持续时间为 1 min。两段声景刺激的间隔时间为 90 s。在实验结束后被试需面对屏幕中出现的问卷,在电脑上进行回答。

5.1.3.4　数据处理过程

实验采用 SPSS 25.0 软件作为数据分析软件,具体的分析方法包括:①采用方差分析检验实验类型是否对会对各项生理指标造成影响;②采用方差分析检验实验类型是否会对各项主观评价因子造成影响；③通过事后检验比较实际近距离声景和实际远距离声景之间的差异，分析声源距离对生理指标和主观评价的影响；④通过事后检验比较人工远距离声景和实际远距离声景之间的差异，分析声音的衰减方式对生理指标和主观评价的影响。

5.2　声音频谱对生理指标的影响

本节通过方差分析研究声源距离和声音衰减方式对人体生理指标的影响。通过比较近距离声音和远距离声音之间的差异，可以得出声源距离对各项生理指标的具体影响趋势。同样地，通过比较远距离声音和人工远距离声音之间的差异，可以得出声音衰减方式对人体生理指标的影响。

5.2.1　生理指标受声源距离和声音衰减方式影响的模型构建

以下对各项生理指标分别进行方差分析，以 11 项生理指标作为因变量，并将声景的衰减方式以及声景类型作为影响因子，研究距离类型、声景类型以及二者的交互作用对各项生理指标的影响。其中距离类型包括实际近距离、实际远距离和人工远距离 3 个水平。心率的方差分析结果如表 5.2 所示。对心率的方差模型中因子交叉项计算边际均值并绘制出折线图，如图 5.4 所示。

由表 5.2 可知，距离类型对心率的影响是显著的（$p = 0.004 < 0.050$），说明不同距离下人的心率是不同的。但声景类型对心率的影响不显著（$p = 0.749$），说明海浪声和交通声下人的心率没有显著差异。

表 5.2　距离类型对心率的影响

源	Ⅲ类平方和	df	均方	F	Sig.
修正模型	296.867	5	59.373	2.539	0.028
截距	241.247	1	241.247	10.318	0.001

续表

源	Ⅲ类平方和	df	均方	F	Sig.
距离类型	260.757	2	130.379	5.576	0.004
声景类型	2.388	1	2.388	0.102	0.749
距离类型 * 声景类型	33.721	2	16.860	0.721	0.487
误差	8 276.640	354	23.380		
总计	8 814.753	360			
修正后总计	8 573.506	359			

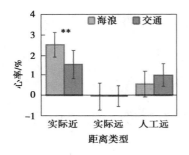

图 5.4　心率的边际均值(距离与衰减)　图 5.5　R 波幅度的边际均值(距离与衰减)

对 R 波幅度进行方差分析,结果如表 5.3 所示。该方差模型中因子交叉项的边际均值如图 5.5 所示。由表 5.3 可知,距离类型对 R 波幅度的影响是显著的,但声景类型没有影响 R 波幅度的变化,说明无论在海浪声景还是在交通声景下,人们的 R 波幅度没有显著差异。

表 5.3　距离类型对 R 波幅度的影响

源	Ⅲ类平方和	df	均方	F	Sig.
修正模型	681.981	5	136.396	5.672	<0.001
截距	981.096	1	981.096	40.797	<0.001
距离类型	674.250	2	337.125	14.019	<0.001
声景类型	1.259	1	1.259	0.052	0.819
距离类型 * 声景类型	6.472	2	3.236	0.135	0.874

续表

源	Ⅲ类平方和	df	均方	F	Sig.
误差	8 513.034	354	24.048		
总计	10 176.112	360			
修正后总计	9 195.016	359			

对心率变异性进行方差分析,结果如表 5.4 所示。该方差模型中因子交叉项的边际均值如图 5.6 所示。由表 5.4 可知,距离类型显著影响人们的心率变异性,但声景类型对心率变异性的影响不显著,说明在声压级相同的海浪和交通声中,心率变异性没有显著差异。

表 5.4　距离类型对心率变异性的影响

源	Ⅲ类平方和	df	均方	F	Sig.
修正模型	83 301.829	5	16 660.366	4.387	0.001
截距	37 573.575	1	37 573.575	9.893	0.002
距离类型	60 527.881	2	30 263.941	7.969	<0.001
声景类型	2 080.826	1	2 080.826	0.548	0.460
距离类型 * 声景类型	20 693.121	2	10 346.561	2.724	0.067
误差	1 344 437.914	354	3 797.847		
总计	1 465 313.318	360			
修正后总计	1 427 739.743	359			

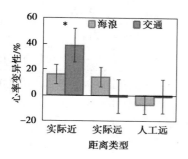 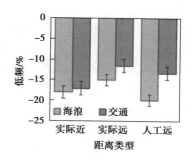

图 5.6　心率变异性边际均值(距离与衰减)　　图 5.7　低频的边际均值(距离与衰减)

对低频进行方差分析,结果如表5.5所示。该方差模型中因子交叉项的边际均值如图5.7所示。

表5.5　距离类型对低频的影响

源	Ⅲ类平方和	df	均方	F	Sig.
修正模型	2 888.036	5	577.607	1.424	0.215
截距	89 938.826	1	89 938.826	221.716	<0.001
距离类型	1 200.771	2	600.385	1.480	0.229
声景类型	1 212.604	1	1 212.604	2.989	0.085
距离类型＊声景类型	474.661	2	237.330	0.585	0.558
误差	143 599.853	354	405.649		
总计	236 426.714	360			
修正后总计	146 487.888	359			

由表5.5可知,距离类型对低频的影响是显著的,声景类型对低频没有显著影响,说明在声压级相同的情况下,无法通过低频信号来分辨出海浪声和交通声。

对高频进行方差分析,结果如表5.6所示。该方差模型中因子交叉项的边际均值如图5.8所示。

表5.6　距离类型对高频的影响

源	Ⅲ类平方和	df	均方	F	Sig.
修正模型	117 765.022	5	23 553.004	3.040	0.011
截距	1 662 758.093	1	1 662 758.093	214.626	<0.001
距离类型	65 806.072	2	32 903.036	4.247	0.015
声景类型	19 053.687	1	19 053.687	2.459	0.118
距离类型＊声景类型	32 905.263	2	16 452.631	2.124	0.121
误差	2 742 523.066	354	7 747.240		
总计	4 523 046.181	360			
修正后总计	2 860 288.088	359			

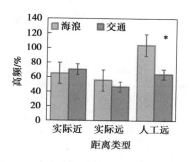

图 5.8　高频的边际均值(距离与衰减)

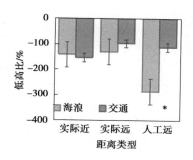

图 5.9　低高比的边际均值(距离与衰减)

由表 5.6 可知,距离类型和声景类型对高频的影响都不显著,说明无论是声源距离的变化还是声音频谱的变化,都不会对人在环境中的高频造成影响。因此,本节的后续内容中不再对高频进行讨论。

对低高比进行方差分析,结果如表 5.7 所示。该方差模型中因子交叉项的边际均值如图 5.9 所示。

表 5.7　距离类型对低高比的影响

源	Ⅲ类平方和	df	均方	F	Sig.
修正模型	1 394 133.005	5	278 826.601	3.312	0.006
截距	8 532 732.160	1	8 532 732.160	101.365	<0.001
距离类型	451 282.127	2	225 641.064	2.681	0.070
声景类型	382 291.092	1	382 291.092	4.541	0.034
距离类型 * 声景类型	560 559.785	2	280 279.893	3.330	0.037
误差	29 799 197.284	354	84 178.523		
总计	39 726 062.450	360			
修正后总计	31 193 330.289	359			

由表 5.7 可知,距离类型对低高比的影响不显著($p = 0.070 > 0.050$),而声景类型对低高比的影响是显著的。此外,距离类型与声景类型之间的交互作用对低高比的影响显著,说明不同的距离或频谱下,海浪声与交通声之间的差异不同。但由于主效应并不显著,本节中不再讨论低高比的变化。对 α 脑电波进

行方差分析,结果如表 5.8 所示。该方差模型中因子交叉项的边际均值如图 5.10 所示。

表 5.8 距离类型对 α 脑电波的影响

源	Ⅲ类平方和	df	均方	F	Sig.
修正模型	14 501.244	5	2 900.249	5.538	<0.001
截距	71.340	1	71.340	0.136	0.712
距离类型	3 797.559	2	1 898.780	3.626	0.028
声景类型	10 298.466	1	10 298.466	19.666	<0.001
距离类型 * 声景类型	446.382	2	223.191	0.426	0.653
误差	181 191.489	346	523.675		
总计	195 748.930	352			
修正后总计	195 692.733	351			

由表 5.8 可知,距离类型和声景类型对 α 脑电波的影响都是显著的。从图 5.10 中可知,海浪声下的 α 脑电波值比交通声的要高,且海浪声下的值无论在什么情况下都比静息态的值要高,而交通声下的 α 脑电波值要低于静息态的值。

对 β 脑电波进行方差分析,结果如表 5.9 所示。该方差模型中因子交叉项的边际均值如图 5.11 所示。

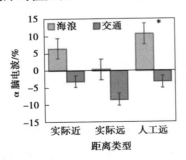
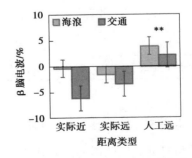

图 5.10 α 脑电波的边际均值(距离与衰减)　　图 5.11 β 脑电波的边际均值(距离与衰减)

　　由表 5.9 可知,距离类型和声景类型对 β 脑电波的影响都是显著的。从图 5.11 中可以看出,在海浪声景中,人的 β 脑电波的值要显著低于交通声景,这一趋势在 3 种距离方式上相同,并且在实际近距离的情况下尤为明显。

　　对体表温度进行方差分析,结果如表 5.10 所示。该方差模型中因子交叉项的边际均值如图 5.12 所示。

表 5.9　距离类型对 β 脑电波的影响

源	Ⅲ类平方和	df	均方	F	Sig.
修正模型	3 931.537	5	786.307	3.741	0.003
截距	298.848	1	298.848	1.422	0.234
距离类型	2 775.323	2	1 387.661	6.602	0.002
声景类型	856.439	1	856.439	4.075	0.044
距离类型 * 声景类型	307.491	2	153.745	0.731	0.482
误差	72 722.399	346	210.180		
总计	8 814.753	360			
修正后总计	8 573.506	359			

表 5.10　距离类型对体表温度的影响

源	Ⅲ类平方和	df	均方	F	Sig.
修正模型	270.766	5	54.153	2.013	0.076
截距	0.140	1	0.140	0.005	0.942
距离类型	123.865	2	61.932	2.302	0.102
声景类型	23.475	1	23.475	0.873	0.351
距离类型 * 声景类型	124.210	2	62.105	2.309	0.101
误差	9 308.265	346	26.903		
总计	9 579.304	352			
修正后总计	9 579.031	351			

由表 5.10 可知,距离类型和声景类型对体表温度的影响都不显著,说明无论是距离的变化还是频谱的变化都不会对人在声景中的体温造成影响。因此,本节中不再对体表温度进行分析。

对呼吸频率进行方差分析,结果如表 5.11 所示。该方差模型中因子交叉项的边际均值如图 5.13 所示。

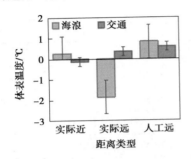 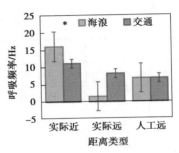

图 5.12 体表温度的边际均值(距离与衰减) 图 5.13 呼吸频率的边际均值(距离与衰减)

表 5.11 距离类型对呼吸频率的影响

源	III 类平方和	df	均方	F	Sig.
修正模型	7 006.335	5	1 401.267	2.678	0.022
截距	25 220.968	1	25 220.968	48.201	<0.001
距离类型	4 997.347	2	2 498.673	4.775	0.009
声景类型	34.383	1	34.383	0.066	0.798
距离类型 * 声景类型	1 967.416	2	983.708	1.880	0.154
误差	183 137.797	350	523.251		
总计	215 022.619	356			
修正后总计	190 144.132	355			

由表 5.11 可知,距离类型对呼吸频率有显著影响,但声景类型对呼吸频率的影响不显著,说明无论在什么样的距离或频率条件下,人在声压级相同的海浪声景和交通声景中的呼吸频率没有显著差别。

对呼吸深度进行方差分析,结果如表 5.12 所示。该方差模型中因子交叉项边际均值如图 5.14 所示。

表 5.12　距离类型对呼吸深度的影响

源	Ⅲ 类平方和	df	均方	F	Sig.
修正模型	4 852.493	5	970.499	1.871	0.099
截距	83.440	1	83.440	0.161	0.689
距离类型	1 881.000	2	940.500	1.813	0.165
声景类型	2 215.327	1	2 215.327	4.271	0.040
距离类型 * 声景类型	775.234	2	387.617	0.747	0.474
误差	181 562.140	350	518.749		
总计	186 498.001	356			
修正后总计	186 414.633	355			

由表 5.12 可知,距离类型对呼吸深度的影响不显著,但声景类型对呼吸深度的影响是显著的。从图 5.14 中可以看出,海浪声景下的呼吸深度要明显高于同声压级的交通声景,这说明人在海浪声景中更有可能进行深呼吸。

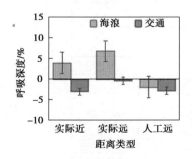 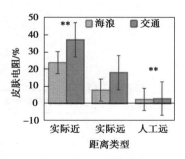

图 5.14　呼吸深度的边际均值(距离与衰减)　图 5.15　皮肤电阻的边际均值(距离与衰减)

对皮肤电阻进行方差分析,结果如表 5.13 所示。该方差模型中因子交叉项的边际均值如图 5.15 所示。由表 5.13 可知,距离类型和声景类型对皮肤电阻的影响显著。结合图 5.15 可知,人们的皮肤电阻值在海浪声景中要显著低于在交通声境中,这一趋势在 3 种距离条件下是相同的,并且在实际近距离的情况下更为明显,这说明人们在海浪声景中比在交通声景中更加放松。此外,距离类型和声景类型之间没有交互作用,说明海浪声景与交通声景之间的差异趋势在所有的距离和频谱条件下是相同的。

表 5.13　距离类型对皮肤电阻的影响

源	Ⅲ类平方和	df	均方	F	Sig.
修正模型	56 283.317a	5	11 256.663	13.997	<0.001
截距	112 377.499	1	112 377.499	139.736	<0.001
距离类型	47 757.768	2	23 878.884	29.692	<0.001
声景类型	5 839.215	1	5 839.215	7.261	0.007
距离类型 * 声景类型	2 686.333	2	1 343.166	1.670	0.190
误差	284 691.770	354	804.214		
总计	453 352.586	360			
修正后总计	340 975.087	359			

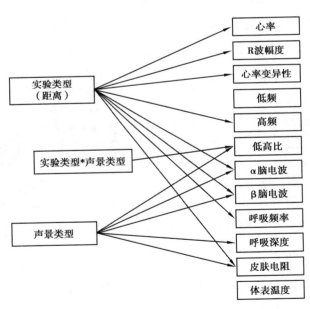

图 5.16　实验类型(距离)和声景类型对生理指标影响的方差模型总结

将本节中的方差分析模型结果进行汇总,得到实验类型和声景类型对生理指标影响的示意图,如图 5.16 所示,箭头表示自变量对因变量的显著影响。由图 5.16 可知,距离类型的变化对心率、R 波幅度、心率变异性、高频、α 脑电波、β 脑电波、呼吸频率和皮肤电阻都有显著影响。这说明声景的声源距离或声音的衰减方式的变化会导致大部分生理指标的改变。声景类型的变化对低高比、α 脑电波、β 脑电波、呼吸深度和皮肤电阻均有显著影响,但对其他大部分生理指标的影响并不显著,说明人们在生理上很难区分出海浪声和交通声的差异。而呈现方式与声景的交互作用只对低高比有影响,这说明大部分生理指标在海浪声景和交通声景下的变化趋势是相同的。

5.2.2　声源距离对生理指标的影响

方差分析模型只能判断一个因素是否会对因变量产生影响,但无法具体分析因变量在不同水平下的变化趋势,因此本节通过事后检验比较近距离组和远距离组之间的差异,分析声源距离的变化对生理指标的影响。

由于距离中的 3 个比较组中远处的真实衰减组是对照组且各组中的样本量相同,因此在事后比较中通过邓尼特检验对实际远距离声音和实际近距离声音进行固定的比较,来分析声源距离对各项生理指标的具体影响趋势。检验结果如表 5.14 所示。

表 5.14　实际远距离声音和实际近距离声音的比较

生理指标	均值差	标准误差	Sig.	95% 置信区间	
				下限	上限
心率	2.070	0.624	0.002	0.683	3.456
R 波幅度	3.096	0.633	<0.001	1.690	4.502
心率变异性	20.625	7.956	0.019	2.955	38.295
低频	−4.241	2.600	0.182	−10.016	1.534
高频	17.009	11.363	0.233	−8.228	42.246
低高比	−33.510	37.456	0.573	49.680	−116.699

续表

生理指标	均值差	标准误差	Sig.	95% 置信区间	
				下限	上限
α 脑电波	5.636	2.980	0.107	−0.985	12.258
β 脑电波	−0.763	1.888	0.889	−4.958	3.431
体表温度	0.810	0.681	0.385	−0.702	2.323
呼吸频率	8.801	2.978	0.006	2.184	15.418
呼吸深度	−2.763	2.966	0.549	−9.352	3.825
皮肤电阻	17.536	3.661	<0.001	9.405	25.667

表 5.14 的结果表明,近处的声景与远处的声景在心率、R 波幅度、心率变异性、呼吸频率以及皮肤电阻上存在显著差异。具体来看,近处的声景会比远处的声景带给人们更高的心率、R 波幅度、心率变异性、呼吸频率以及皮肤电阻。这说明,无论是在海浪声这种自然声还是在交通噪声中,更高的声压级都会使人的心跳加速、呼吸急促,并使人们的皮肤电阻值升高。声源距离对心率和 R 波幅度的影响较小,两组之间的差异与静息态相比,只有 2.02% 和 3.096% 的提高,而对呼吸深度、皮肤电阻和心率变异性的影响较大,分别为 8.801%、17.536% 和 20.625%,这可能是因为后 3 项指标更加敏感并与情绪之间的关系更加密切。此外,值得注意的是,声源距离的远近并没有对 α 脑电波和 β 脑电波造成显著影响,这说明声源距离的变化对脑电的影响较弱。

5.2.3 声音衰减对生理指标的影响

与上一节相同,本节通过事后比较,分析人工远距离声音与实际远距离声音之间的差异,进而分析声音衰减方式对生理指标的影响,结果如表 5.15 所示。

表 5.15　实际远距离声音和人工远距离声音的比较

生理指标	均值差	标准误差	Sig.	95% 置信区间	
				下限	上限
心率	0.817	0.624	0.320	-0.569	2.204
R 波幅度	2.661	0.633	<0.001	1.255	4.067
心率变异性	-10.606	7.956	0.308	-28.276	7.064
低频	-3.353	2.600	0.331	-9.128	2.422
高频	33.113	11.363	0.007	7.876	58.351
低高比	-86.029	37.456	0.041	-2.839	-169.218
α 脑电波	7.744	2.980	0.019	1.123	14.365
β 脑电波	5.561	1.888	0.007	1.367	9.756
体表温度	1.447	0.675	0.060	-0.053	2.946
呼吸频率	2.004	2.953	0.721	-4.557	8.564
呼吸深度	-5.599	2.940	0.104	-12.131	0.933
皮肤电阻	-10.372	3.661	<0.001	-18.503	-2.240

由表 5.15 可知,相比于人工远距离组,实际远距离组中人们的 R 波幅度、高频、α 脑电波和 β 脑电波更低,而皮肤电阻值更高。这说明,衰减方式的变化会对 R 波幅度、高频、α 脑电波和 β 脑电波等生理指标造成影响。真实的衰减与人为衰减相比,R 波幅度和皮肤电阻之间的差异为 2.661% 和 -10.372%,这两个数据均比表 5.13 中对应的数值要小,这说明在 R 波幅度和皮肤电阻方面,衰减方式的影响比声源距离的影响要小。高频、α 脑电波和 β 脑电波这 3 个指标都是十分敏感的生理指标,却只有衰减方式对它们的影响是显著的,而声源距离对它们没有显著影响。

5.3 声音频谱对主观评价的影响

5.3.1 主观评价受声源距离和声音衰减方式影响的模型构建

与生理指标相似,以下将主观评价的各项评价因子作为因变量,呈现方式和声景类型作为自变量进行方差分析,研究声景类型与呈现方式对主观评价的影响。舒适度的方差分析结果如表5.16所示。对心率的方差模型中的因子交叉项计算边际均值并绘制出折线图,如图5.17所示。

由表5.16可知,距离类型和声景类型都会对舒适度造成显著影响。由图5.17可知,海浪声带来的舒适度明显高于交通声。但是,方差模型的结果表明,距离类型和声景类型之间存在交互作用,这说明海浪声景和交通声景之间的差异大小在不同的距离模式下是不同的。

表 5.16 距离类型对舒适度的影响

源	III类平方和	df	均方	F	Sig.
修正模型	547.789	5	109.558	78.266	<0.001
截距	6 434.678	1	6 434.678	4 596.817	<0.001
距离类型	107.089	2	53.544	38.251	<0.001
声景类型	422.500	1	422.500	301.826	<0.001
距离类型 * 声景类型	18.200	2	9.100	6.501	0.002
误差	495.533	354	1.400		
总计	7 478.000	360			
修正后总计	1 043.322	359			

对主观粗糙度进行方差分析,结果如表5.17所示。该方差模型中因子交叉项的边际均值如图5.18所示。

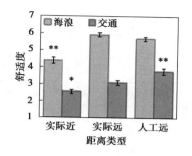

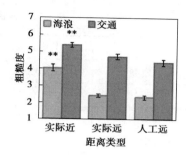

图 5.17　舒适度的边际均值(距离与衰减)　　图 5.18　粗糙度的边际均值(距离与衰减)

表 5.17　距离类型对主观粗糙度的影响

源	Ⅲ类平方和	df	均方	F	Sig.
修正模型	457.656	5	91.531	67.721	<0.001
截距	5 397.878	1	5 397.878	3 993.692	<0.001
距离类型	126.156	2	63.078	46.669	<0.001
声景类型	317.344	1	317.344	234.792	<0.001
距离类型 * 声景类型	14.156	2	7.078	5.237	0.006
误差	478.467	354	1.352		
总计	6 334.000	360			
修正后总计	936.122	359			

由表 5.17 可知,距离类型和声景类型都对主观粗糙度有显著影响,如图 5.18 所示,海浪声下的主观粗糙度在 3 种情况下都比交通声下的更低。除此之外,距离类型与声景类型有显著的交互作用,说明主观粗糙度在海浪声景和交通声景下的差异在不同的距离条件下是不同的。

对愉悦度进行方差分析,结果如表 5.18 所示。该方差模型中因子交叉项的边际均值如图 5.19 所示。

由表 5.18 可知,距离类型和声景类型都会影响愉悦度,并且二者之间存在显著的交互作用。从图 5.19 中可以看出,交通声下的愉悦度比海浪声下的低,但二者的差值在人工远距离的情况下比较小。

表 5.18　距离类型对愉悦度的影响

源	III 类平方和	df	均方	F	Sig.
修正模型	392.000	5	78.400	54.590	<0.001
截距	6 051.600	1	6 051.600	4 213.742	<0.001
距离类型	60.467	2	30.233	21.052	<0.001
声景类型	321.111	1	321.111	223.590	<0.001
距离类型 * 声景类型	10.422	2	5.211	3.629	0.028
误差	508.400	354	1.436		
总计	6 952.000	360			
修正后总计	900.400	359			

对主观响度进行方差分析,结果如表 5.19 所示。该方差模型中因子交叉项的边际均值如图 5.20 所示。

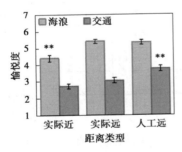
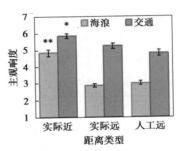

图 5.19　愉悦度的边际均值(距离与衰减)　图 5.20　主观响度的边际均值(距离与衰减)

表 5.19　距离类型对主观响度的影响

源	III 类平方和	df	均方	F	Sig.
修正模型	444.189	5	88.838	54.986	<0.001
截距	7 057.878	1	7 057.878	4 368.496	<0.001
距离类型	148.956	2	74.478	46.098	<0.001
声景类型	266.944	1	266.944	165.226	<0.001
距离类型 * 声景类型	28.289	2	14.144	8.755	<0.001

续表

源	Ⅲ类平方和	df	均方	F	Sig.
误差	571.933	354	1.616		
总计	8 074.000	360			
修正后总计	1 016.122	359			

由表5.19可知,距离类型、声景类型以及二者的交互作用对主观响度的影响都十分显著($p<0.001$),说明不同的声景下声源距离或声音衰减方式对主观响度的影响趋势可能不同。

对喜好度进行方差分析,结果如表5.20所示。该方差模型中因子交叉项的边际均值如图5.21所示。由表5.20可知,喜好度受距离类型和声景类型的影响都是显著的,但二者之间没有显著的交互作用,这说明海浪声景和交通声景之间在喜好度上存在差异,并且差异的趋势在任何距离情况下都是相同的。不同的声景类型下,喜好度的评价也不相同。由图5.21可知,人们对海浪声的喜好度要明显高于交通声。

表 5.20　距离类型对喜好度的影响

源	Ⅲ类平方和	df	均方	F	Sig.
修正模型	536.856	5	107.371	59.088	<0.001
截距	6 133.878	1	6 133.878	3 375.572	<0.001
距离类型	102.689	2	51.344	28.256	<0.001
声景类型	431.211	1	431.211	237.302	<0.001
距离类型＊声景类型	2.956	2	1.478	0.813	0.444
误差	643.267	354	1.817		
总计	7 314.000	360			
修正后总计	1 180.122	359			

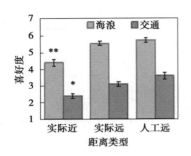
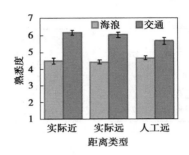

图 5.21　喜好度的边际均值(距离与衰减)　图 5.22　熟悉度的边际均值(距离与衰减)

对熟悉度进行方差分析,结果如表 5.21 所示。该方差模型中因子交叉项的边际均值如图 5.22 所示。由表 5.21 可知,距离类型对熟悉度的影响不显著,但声景类型对熟悉度的影响显著,两个主效应之间没有交互作用,这说明无论在什么距离条件下,人们对熟悉度的认知是不变的。不同的声景类型中,人们对熟悉度的评价存在差异,并且差异的趋势在任何距离条件下都相同。由图 5.22 可知,人们对交通声的熟悉度要明显高于海浪声。

表 5.21　距离类型对熟悉度的影响

源	Ⅲ类平方和	df	均方	F	Sig.
修正模型	190.732	5	38.146	19.787	<0.001
截距	9 848.528	1	9 848.528	5 108.510	<0.001
距离类型	1.734	2	0.867	0.450	0.638
声景类型	181.492	1	181.492	94.141	<0.001
距离类型 * 声景类型	8.142	2	4.071	2.112	0.123
误差	678.609	352	1.928		
总计	10 700.000	358			
修正后总计	869.341	357			

对主观强度进行方差分析,结果如表 5.22 所示。该方差模型中因子交叉项的边际均值如图 5.23 所示。由表 5.22 可知,距离类型、声景类型以及二者的交互作用都对主观强度有显著影响。如图 5.23 所示,在实际远距离和人工

远距离的情况下,海浪声下的主观强度要低于交通声下的,但在实际近距离的情况下,海浪声和交通声之间的差异很小,甚至海浪声下的主观强度要略高于交通声下的。

表 5.22　距离类型对主观强度的影响

源	Ⅲ类平方和	df	均方	F	Sig.
修正模型	129.860	5	25.972	24.800	<0.001
截距	8 399.672	1	8 399.672	8 020.534	<0.001
距离类型	73.837	2	36.918	35.252	<0.001
声景类型	27.957	1	27.957	26.695	<0.001
距离类型 * 声景类型	26.784	2	13.392	12.787	<0.001
误差	366.545	350	1.047		
总计	8 884.000	356			
修正后总计	496.404	355			

对混乱度进行方差分析,结果如表 5.23 所示,该方差模型中因子交叉项的边际均值如图 5.23 所示。由表 5.23 可知,距离类型和声景类型以及二者的交互作用都对混乱度造成显著影响,这说明海浪声与交通声之间的差异在不同的距离条件下不同。从图 5.24 中可以看出,虽然海浪声下的混乱度明显低于交通声下的,但二者的差异在实际远距离的情况下比较大,而在实际近距离的情况下比较小。

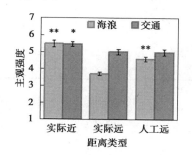
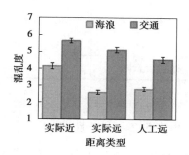

图 5.23　主观强度的边际均值(距离与衰减)　图 5.24　混乱度的边际均值(距离与衰减)

表 5.23   距离类型对混乱度的影响

源	III类平方和	df	均方	F	Sig.
修正模型	448.400	5	89.680	55.385	<0.001
截距	6 150.400	1	6 150.400	3 798.398	<0.001
距离类型	103.267	2	51.633	31.888	<0.001
声景类型	328.711	1	328.711	203.007	<0.001
距离类型 * 声景类型	16.422	2	8.211	5.071	0.007
误差	573.200	354	1.619		
总计	7 172.000	360			
修正后总计	1 021.600	359			

对事件感进行方差分析,结果如表 5.24 所示,该方差模型中因子交叉项的边际均值如图 5.25 所示。

表 5.24   距离类型对事件感的影响

源	III类平方和	df	均方	F	Sig.
修正模型	368.133	5	73.627	31.698	<0.001
截距	7 617.600	1	7 617.600	3 279.508	<0.001
距离类型	7.267	2	3.633	1.564	0.211
声景类型	360.000	1	360.000	154.986	<0.001
距离类型 * 声景类型	0.867	2	0.433	0.187	0.830
误差	822.267	354	2.323		
总计	8 808.000	360			
修正后总计	1 190.400	359			

由表 5.24 可知,距离类型对事件感的影响不显著,说明人们对事件感的感知在任何距离条件下都相同。声景类型对事件感的影响显著,从图 5.25 中可以看出,海浪声下的事件感要明显高于交通声下的。

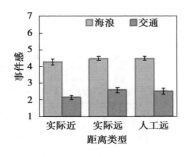

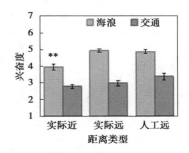

图 5.25　事件感的边际均值(距离与衰减)　图 5.26　兴奋度的边际均值(距离与衰减)

对兴奋度进行方差分析,结果如表 5.25 所示,该方差模型中因子交叉项的边际均值如图 5.26 所示。

表 5.25　距离类型对兴奋度的影响

源	Ⅲ类平方和	df	均方	F	Sig.
修正模型	263.389	5	52.678	33.967	<0.001
截距	5 213.611	1	5 213.611	3 361.782	<0.001
距离类型	39.022	2	19.511	12.581	<0.001
声景类型	214.678	1	214.678	138.426	<0.001
距离类型 * 声景类型	9.689	2	4.844	3.124	0.045
误差	549.000	354	1.551		
总计	6 026.000	360			
修正后总计	812.389	359			

由表 5.25 可知,距离类型和声景类型以及二者的交互作用都会对兴奋度造成显著影响。从图 5.26 中可以看出,海浪声下的兴奋度要高于交通声下的兴奋度,在实际远距离的情况下,二者之间的差异更大一些。

对协调度进行方差分析,结果如表 5.26 所示,该方差模型中因子交叉项的边际均值如图 5.27 所示。

表 5.26　距离类型对协调度的影响

源	III类平方和	df	均方	F	Sig.
修正模型	188.313	5	37.663	15.954	<0.001
截距	9 585.579	1	9 585.579	4 060.564	<0.001
距离类型	2.212	2	1.106	0.469	0.626
声景类型	157.717	1	157.717	66.811	<0.001
距离类型 * 声景类型	27.356	2	13.678	5.794	0.003
误差	830.949	352	2.361		
总计	10 600.000	358			
修正后总计	1 019.263	357			

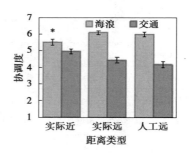

图 5.27　协调度的边际均值(距离与衰减)

由表 5.26 可知,距离类型对协调度的影响不显著,这说明在不同的距离条件下,人们对环境中协调度的感知是相同的。声景类型对协调度有显著影响,从图 5.27 中可以看出,海浪声下的协调度要高于交通声下的协调度。

对本节中的方差分析模型汇总,得到实验类型(距离)和声景类型对生理指标影响的示意图,如图 5.28 所示,箭头表示自变量对因变量的影响显著。综上所述,在所有的主观评价因子中,声景类型的影响都是显著的,也就是说人们对于海浪声景和交通声景这两种声景的主观评价在 11 个维度里都是不同的。呈现方式的改变对除熟悉度、事件感、协调度之外的绝大部分评价因子有显著影响。此外,大多数评价因子中,呈现方式与声景之间的交互作用的影响是显著的(喜好度与事件感除外),这说明在大多数的评价指标中,海浪声景与交通声景这两个声景的变化趋势是不同的。

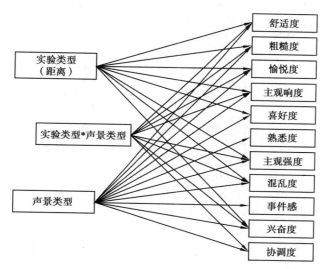

图 5.28　实验类型(距离)和声景类型对生理指标影响的方差模型总结

5.3.2　声源距离对主观评价的影响

在主观评价的方差分析中,交互作用的显著影响导致海浪与交通这两个声景的变化趋势存在差异,因此在事后检验中将海浪声景和交通声景的数据分开,分别进行邓尼特检验。将主观数据中的实际远距离声音与实际近距离声音进行比较,得到的结果如表 5.27 所示。

表 5.27　实际远距离声音和实际近距离声音的比较

主观评价因子	声景类型	均值差	标准误差	Sig.	95% 置信区间	
					下限	上限
舒适度	海浪	-1.53*	0.208	<0.001	-2.00	-1.07
	交通	-0.53*	0.224	0.034	-1.03	-0.03
粗糙度	海浪	1.60*	0.212	<0.001	1.13	2.07
	交通	0.67*	0.213	0.004	0.19	1.14

续表

主观评价因子	声景类型	均值差	标准误差	Sig.	95% 置信区间	
					下限	上限
愉悦度	海浪	−1.00*	0.234	<0.001	−1.52	−0.48
	交通	−0.33	0.203	0.178	−0.79	0.12
主观响度	海浪	1.97*	0.234	<0.001	1.44	2.49
	交通	0.60*	0.230	0.019	0.09	1.11
喜好度	海浪	−1.13*	0.232	<0.001	−1.65	−0.62
	交通	−0.070*	0.260	0.015	−1.28	−0.12
熟悉度	海浪	0.07	0.299	0.964	−0.60	0.73
	交通	0.14	0.199	0.707	−0.30	0.58
主观强度	海浪	1.77*	0.187	<0.001	1.35	2.18
	交通	0.45*	0.190	0.036	0.03	0.87
混乱度	海浪	1.53*	0.239	<0.001	1.00	2.07
	交通	0.53*	0.226	0.036	0.03	1.04
事件感	海浪	−0.20	0.276	0.691	−0.82	0.42
	交通	−0.43	0.280	0.214	−1.06	0.19
兴奋度	海浪	−1.00*	0.205	<0.001	−1.46	−0.54
	交通	−0.20	0.248	0.634	−0.75	0.35
协调度	海浪	−0.58*	0.228	0.021	−1.09	−0.08
	交通	0.50	0.326	0.218	−0.23	1.23

　　虽然前述方差分析的结果表明,在大部分的评价指标中海浪声景和交通声景的趋势是不同的;但在本节中的事后检验的结果证实,在实际近距离组与实际远距离组中,人们的舒适度、粗糙度、混乱度、喜好度和主观强度等主观评价因子在两种类型的声景下的差异是相同的(同为正数或同为负数并且显著)。具体来说,不论是在海浪声景中还是在交通声景中,相比近处的声景,人们觉得远处声景引起的舒适度与喜好度更高,而粗糙度、混乱度和主观强度更低。

对于愉悦度、兴奋度以及协调度这 3 个因子,声源的远近对交通声不存在显著影响,却对海浪声存在显著影响。人们觉得远处的海浪声比近处的海浪声更令人愉快、更兴奋,也更加协调。总体来看,对远处声景的评价比对近处声景的评价更加积极,这表明,声源距离的变化对大多数主观评价因子的影响是显著的。除此之外,声源距离的变化对熟悉度、事件感没有影响。

5.3.3　声音衰减方式对主观评价的影响

与前一节相似,本节通过邓尼特检验比较人工远距离声音和实际远距离声音之间的差异,进而分析声音衰减方式对主观评价的影响。结果如表 5.28 所示,其中海浪声景和交通声景的数据是分开计算的。

表 5.28　实际远距离声音和人工远距离声音之间的比较

主观评价因子	声景类型	均值差	标准误差	Sig.	95% 置信区间	
					下限	上限
舒适度	海浪	−0.23	0.208	0.425	−0.70	0.23
	交通	0.67 *	0.224	0.006	0.17	1.17
粗糙度	海浪	−0.10	0.212	0.851	−0.57	0.37
	交通	−0.33	0.213	0.206	−0.81	0.14
愉悦度	海浪	−0.07	0.234	0.942	−0.59	0.45
	交通	0.70 *	0.203	0.001	0.25	1.15
主观响度	海浪	0.13	0.234	0.793	−0.39	0.66
	交通	−0.43	0.230	0.110	−0.95	0.08
喜好度	海浪	0.20	0.232	0.595	−0.32	0.72
	交通	0.50	0.260	0.101	−0.08	1.08
熟悉度	海浪	0.23	0.299	0.652	−0.43	0.90
	交通	−0.37	0.197	0.115	−0.81	0.07
主观强度	海浪	0.87 *	0.187	<0.001	0.45	1.28
	交通	−0.03	0.188	0.977	−0.45	0.39

续表

主观评价因子	声景类型	均值差	标准误差	Sig.	95% 置信区间	
					下限	上限
混乱度	海浪	0.20	0.239	0.613	−0.33	0.73
	交通	−0.57*	0.226	0.024	−1.07	−0.06
事件感	海浪	<0.01	0.276	1.000	−0.62	0.62
	交通	−0.07	0.280	0.959	−0.69	0.56
兴奋度	海浪	−0.07	0.205	0.926	−0.52	0.39
	交通	0.40	0.248	0.189	−0.15	0.95
协调度	海浪	−0.10	0.226	0.868	−0.60	0.40
	交通	−0.27	0.326	0.625	−0.99	0.46

从表 5.28 的数据中可以看出,大部分主观评价指标在真实衰减的声景与人工衰减的声景之间不存在显著差异。在交通声景中,真实衰减与人为衰减相比,对舒适度、愉悦度的评价显著较高,而对混乱度的评价显著降低;在海浪声景中,真实衰减与人工衰减的差异在这 3 个评价指标中不显著。主观强度在真实场景与虚拟场景之间的差异只在海浪声景中是显著的,其中,在主观强度上,人工衰减的海浪声比真实衰减的海浪声要高。

5.4 生理指标与主观评价在声音衰减上的差异

本节中主要通过比较 5.2 节和 5.3 节中的结果来分析生理指标和主观评价之间的差异,并通过相关分析,进一步研究生理指标与主观评价之间的关系。

5.4.1 海浪声与交通声之间的差异

由 5.2 节可知,声景类型在生理指标上的影响并不显著,只在 α 脑电波、β

脑电波、呼吸深度和皮肤电阻的数据上存在显著差异。相比交通声,人们在海浪声中的 α 脑电波、β 脑电波、呼吸深度的值会更高,皮肤电阻值会更低。从这4 个指标来看,人们在海浪声中确实比在交通声中更放松,这一现象在 α 脑电波的数据中体现得最为明显,海浪声景中的数值均高于静息态的数值,而交通声中的低于静息态的数值。但从总体数据上看,声景类型的改变远没有呈现方式的改变对人体生理的影响大。原因可能在于,海浪声与交通声在声学特性上具有很强的相似性,使得人们在生理上对这两种声音的分辨不是十分清晰,而呈现方式对声音频谱的改变要比海浪声景与交通声景之间的频谱差异更大。

在主观评价方面,海浪声景与交通声景的差异十分显著,而且在呈现方式上的变化并不相同。在所有主观评价因子中,海浪声景和交通声景之间的差异都是巨大的,声景类型对主观评价的影响要远远大于呈现方式对主观评价的影响。海浪声明显比交通声更加令人舒适,但海浪声所受呈现方式的影响要比交通声所受呈现方式的影响更大,近处的海浪声和远处的海浪声在主观评价上的差异普遍要比相同对比组中的交通声的差异大。以上现象说明,在声源距离的变化上,人们对海浪声更加敏感;而在衰减方式的变化中,人们反而对交通声要比对海浪声更加敏感(交通声的数据均值差更大,显著性也更高)。这可能是人们对交通声更加熟悉造成的,在人工远距离组中许多被试在实验结束后谈到,他们能够明显觉察到他们听到的交通声离他们很近,车辆似乎在他们身边经过,但感觉声音不是很吵。但是在这组被试中很少有人意识到,他们听到的海浪声的声源位置其实也很近。因此,熟悉度可能是人对海浪声与交通声的主观敏感性之间存在差异的原因。

5.4.2　生理指标与主观评价的敏感性差异

生理指标和主观评价哪个对声景更加敏感? 从数据来看,生理的敏感性与主观评价的敏感性体现在不同方面。显然主观评价对声音类别的敏感性更大,所有的主观评价几乎都被声景种类的变化影响。主观评价方面,在所有的评价因子中,海浪与交通声景之间的差异都是十分显著的。但在生理指标中,我们很难观察到类似的显著差异。声源距离变化对主观评价的影响也比对生理指标的影响大。真实近距离和真实远距离之间的差异在生理上只影响一部分指标,包括心率、R 波幅度、心率变异性、呼吸频率和皮肤电阻。衰减方式的变化对主观评价的影响相对更加微弱,只有少部分评价因子会产生差异。与此同时,真实和人工衰减之间的差异则体现在另一部分的生理指标中。

由此可知,人们在主观上更能感受到声景类型的差异,而不同的生理指标对呈现方式的敏感程度不尽相同。这似乎表明生理指标更倾向于对声音本身的物理属性敏感,而主观评价更多是基于声景背后的意义。

5.4.3 生理指标与主观评价因子间的相关性

对生理与心理之间的关系进行研究可以增强对声景的理解,正如 Erfanian[80] 所提到的,生理方法和心理方法理应是互补的。研究人们在声景中的生理反应,一个很重要的目的是通过这些生理上的规律,与声景常用的主观评价方法建立关系。本节中将生理指标的数据与主观评价指标的数据进行相关分析。由于生理指标过多,结果分为心电相关指标和其他指标两部分呈现,如表 5.29 和表 5.30 所示。

表 5.29 生理指标与主观评价因子之间的相关性(心电指标)

生理指标	心率	R 波幅度	心率变异性	低频	高频	低高比
舒适度	-0.118*	0.020	-0.048	-0.062	0.044	-0.058
粗糙度	0.057	0.043	0.030	0.049	-0.037	0.093
愉悦度	-0.033	0.009	-0.006	-0.032	0.001	-0.021
主观响度	0.054	0.116*	0.045	0.011	0.024	0.010
喜好度	-0.01	0.012	-0.057	0.008	-0.045	-0.015
熟悉度	-0.058	-0.004	0.012	0.066	-0.072	-0.022
主观强度	-0.001	0.190**	-0.006	-0.049	0.067	-0.004

续表

生理指标	心率	R 波幅度	心率变异性	低频	高频	低高比
混乱度	0.016	0.103*	0.047	0.030	−0.015	0.040
事件感	−0.019	0.042	0.077	0.052	0.028	−0.059
兴奋度	−0.070	0.014	−0.137**	0.003	0.004	−0.051
协调度	0.028	−0.106*	−0.086	0.003	0.006	−0.011

表 5.30　生理指标与主观评价因子之间的相关性（其他指标）

生理指标	α 脑电波	β 脑电波	体表温度	呼吸频率	呼吸深度	皮肤电阻
舒适度	0.162**	0.162**	−0.062	−0.082	0.094	−0.216**
粗糙度	−0.127*	−0.181**	0.063	0.159**	−0.203**	0.215**
愉悦度	0.112*	0.082	0.022	−0.010	0.074	−0.171**
主观响度	−0.148**	−0.176**	−0.005	0.150**	−0.151**	0.137**
喜好度	0.164**	0.173**	−0.052	−0.120*	0.136*	−0.136**
熟悉度	−0.076	−0.037	0.194**	0.010	−0.081	0.139**
主观强度	−0.048	−0.147**	0.171**	0.155**	−0.081	0.097
混乱度	−0.183**	−0.207**	0.061	0.118*	−0.162**	0.159**
事件感	−0.023	−0.113*	0.138**	0.086	−0.127*	0.085
兴奋度	0.080	0.063	0.006	−0.009	0.043	−0.071
协调度	0.095	0.097	−0.092	−0.023	0.061	−0.068

　　由表 5.29 和表 5.30 可知,生理指标中 R 波幅度、α 脑电波、β 脑电波、呼吸频率、呼吸深度和皮肤电阻与主观评价之间的相关性较强,尤其是 β 脑电波,其与舒适度等 8 个维度的主观评价因子之间存在显著相关性。在主观评价方面,舒适度、粗糙度、混乱度、喜好度、主观强度和主观响度与生理指标之间的相关性较大。舒适度和喜好度的升高,意味着 α 脑电波、β 脑电波的升高以及呼吸频率(仅与喜好度相关)和皮肤电阻值的降低,粗糙度、主观响度以及混乱度对

这几项生理指标的作用正好相反。

这些数据表明,积极的评价往往与人们的放松状态相关,即生理和心理变化在总体趋势上是同步的。但是,需要注意的是,表中所有的相关性数值都十分低(大多数为 0.1 ~ 0.2),呈现出十分微弱的相关性。这说明通过生理指标去推测主观评价,或者通过主观评价数据来估计生理指标的变化都十分困难。需要承认的是,在这次实验中只选取了两种典型声景,因此在下一章的研究中将对更广泛的声景刺激进行生理研究,以求能够建立生理与心理之间更加全面的关系。

5.5　声音频谱对生理指标影响的实际意义及声景设计建议

5.5.1　声音中低频与高频的生理反应差异

正如本章在背景部分中介绍的,目前对噪声的评价标准依然以平均声压级为主流。然而,本章的实验结果表明,声音中的频谱分布与声压级的大小在生理上的作用几乎相同。由于本章中研究的声音刺激集中在海浪和交通两种声景上,交通声的声源是公路,海浪声的声源是海岸线,这两种场景中的声源都可以看成线声源。因此,本书中涉及的关于衰减方式的讨论,在实际的噪声控制中具有实际意义。

在实际的噪声控制中,不论是通过距离方式自然衰减,还是通过隔声屏障进行噪声控制,都会对原有声源的频谱造成改变。一般情况下,声音在空气或其他屏障中的传播都是高频成分衰减得更快,这是因为高频波在穿过介质的过程中会损失更多的能量。本章的研究通过两种声压级的处理方式,模拟了两种十分极端的情况,即完全的自然衰减模式和完全等效的声压级控制模式。这两种模式之间的差异主要体现在频谱中的低频成分上。对于自然衰减的声音,其频谱中低频的成分更多。实验结果表明,在生理上人们对人工衰减的声音感觉更为舒适,这一现象在海浪声景和交通声景中都可以发现。这说明频谱中的低频成分过多会引起生理上的不舒适,因此在实际声景设计中,尤其是噪声控制中,应当在降低整体声压级的同时,更多地考虑对环境中低频噪声的控制。

5.5.2 主观评价与生理反应在频谱上差异的实际意义

与前一章相同,在本章的实验结果中同样发现了主观评价与生理指标在变化趋势上的差异。从声景类型的角度分析,主观评价受声景类型的影响较大,生理指标受声景类型的影响较小。而从声音频谱的角度分析,主观评价受频谱的影响很小,但生理指标受频谱的影响相对较大。这说明生理指标更能反映人们对声景中声音参数变化的反应,而主观评价则更多是基于对整体环境的经验反应。

在实际的设计中,本书建议将生理指标作为声景评价的一部分重要因素,因为通过生理指标,能够察觉到主观上察觉不到的信息。虽然这些信息可能受人的经验认知限制而在主观感受上被人们主动屏蔽掉了,但本章的结果表明这些信息仍然会对人的身体健康造成影响。比如在交通噪声的处理上,虽然隔声屏障可以从视觉和听觉上对交通场景进行屏蔽,但降低声压级后的声音频谱中的低频成分可能仍然会对人的身体造成影响。在自然声的引入上这种问题同样存在,比如在公园和广场等娱乐空间中引入自然鸟鸣声或轻音乐时,也应当避免播放设备的低频声功率过大所造成的生理上的不舒适。

5.5.3 对城市声景设计及声环境规划的建议

基于前文对于声景中声源频谱的分析,对噪声控制以及城市公共开放空间中的实际声景设计提供如下建议:

①对交通声等噪声的控制。控制交通声等噪声时,在控制声压级的同时也

应当重点考虑对低频噪声的屏蔽。在以往的噪声控制中,一方面是通过隔声屏或增加声源距离的方式降低噪声的声压级,另一方面是通过引入水声等自然声对噪声进行掩盖。基于本章的研究,建议在进行声学掩蔽设计中,对低频噪声进行特殊处理,以避免过多的低频噪声给人造成生理上的不舒适。

②对声景中自然声的引入。声景研究本身十分关注自然声在环境中的积极作用。基于本章研究结论,建议在引入自然声的同时,也应当尽量控制自然声中的低频成分,如鸟鸣声等高频自然声比较悦耳,但海浪声或是瀑布声等低频成分较多的自然声则会对人的生理造成影响。因此,在设计公园及广场中的休息区时,应考虑尽量远离低频声源,以免对健康造成不利影响。

③引入生理测量作为声景质量评价标准。对声景质量的评价往往建立在主观恢复性问卷的基础之上,本章的研究结论表明,生理指标有时能够反映主观上觉察不到的因素,这说明单纯以主观评价因子作为声景的评价指标是不够的,因为人们会基于经验上的认知而忽视场景中隐含的不利因素。因此,本书建议将生理指标作为主观评价的补充,纳入声景评价的标准中。

5.6　本章小结

通过在实验室中以 3 种距离形式呈现海浪声与交通声,研究了声景中的声源距离和声音衰减方式对人的生理指标及主观评价的影响。研究得出的主要结论如下:

①声源距离的变化会对一部分生理指标造成影响,相比远处的声景,近处的声景会带给人更高的心率、R 波幅度、心率变异性、呼吸频率以及皮肤电阻。

②声音衰减方式也会对一部分生理指标造成影响,人在真实衰减的声景中的 R 波幅度、高频、α 脑电波、β 脑电波会比在人工衰减的声景中的更低,而皮肤电阻值会更高。

③声源距离影响大部分主观评价因子(熟悉度、兴奋度和协调度除外),人

们觉得远处声景带来的舒适度与喜好度更高,粗糙度、混乱度和主观强度更低。

④声音衰减方式对主观评价的影响比较小,对真实衰减的交通声引起的舒适度、愉悦度的评价更高,对混乱度的评价更低;对于真实衰减的海浪声,只在主观强度的评价上比人工衰减的海浪声低。

此外,本章研究发现,主观评价对声景差异的感知更加敏感,生理指标可能更倾向于对声景本身的声学特性敏感。尽管本章的实验是基于城市公共开放空间进行的研究,但其关于水声与交通声的结论可以作为安装在室内公共空间上的其他回放声源功能的代表。在声景的实验室研究中,本章的结果建议研究声压级变化时采用实际录制的方式进行声景回放,而不是简单地对声压级以及响度等参数进行处理。声景回放虽然在主观上对声音频谱变化并不敏感,但对于生理指标来说,某些敏感的生理指标能够反映出不同衰减方式下的声音,因此这些通过问卷方法察觉不到的差异依然是有意义的。

第6章　城市公共开放空间中声景的
生理效应趋势研究

本书前5章中通过控制实验中的不同因素,分别明确了研究声景的生理效应所需要的刺激时间、视觉和听觉的呈现方法以及还原声音所需要的声压级。本章主要研究城市公共开放空间中的典型声景对人的生理指标的影响。希望通过对声音种类进行更加广泛的研究,探求声景种类、声学参数以及主观评价对生理指标的影响。本章将对 20 种声景样本进行实验研究,希望解决以下 3 个问题:①通过生理指标对声景进行分类的结果是否与经验分类的结果相同? ②在对声景进行分类和评价时,主观评价与生理指标存在怎样的关系? ③声景中客观的声学参数与生理指标之间存在怎样的关系?

6.1　实验的背景、刺激及细节

6.1.1　实验背景

自从加拿大作曲家谢弗(Schafer)提出"声景"的概念以来[205],研究人员一直致力于了解声环境是如何影响人们对城市的感知的以及如何将声音应用于城市规划和设计中[196]。根据国际标准化组织(ISO)对声景的定义,声景是通过人类对声环境的感知而存在的[206]。目前声景面临的主要问题之一便是如何制定合理的评价声景质量的标准[207]。然而,人对声环境的感知涉及多感官的交互[208]，并且由认知心理学、神经生理学、心理生理学等多因素决定[89]，这导致人对声景的感知常常是复杂多变且难以精准描述的。现有的用于评估和预测声景的方法主要是通过问卷和访谈的形式研究人在环境中的感知情况，较少通过生理测量的方式获得人的感受[80,180]。区别于传统的噪声控制，声景研究更多地关注声音的积极作用[88]，例如触发对先前经历的愉快记忆[208]或促使人们更快地放松和恢复[75,209]。对城市声景的实际生理效应尚无系统性的研究，因此有必要从生理反应的角度对城市公共开放空间的声景进行整体研究。

综上所述，在声景领域的研究中，关于如何通过主观评价和声学参数对声景进行分类的研究已有很多，但很少有人从生理指标的角度分析如何对声景进行分类，更很少有人从生理层面分析声景类型对人的感知的影响。因此，本章通过在实验室还原 20 种城市公共开放空间中的常见声景，测量被试的生理反应以及主观评价，具体研究以下问题：①通过生理指标对声景进行分类的结果是否与经验分类的结果相同？②主观评价与生理指标之间具体存在怎样的关系？③声学参数与生理指标之间存在怎样的关系？

6.1.2　实验刺激

本章实验中用到的声景素材采用视频与音频相结合的方式录制。根据前期研究调查并参考前人文献，筛选出 20 个典型场景作为实验刺激；将声景分为 4 个主要类别：生物声、地质自然声、人为声和机械声。在本书的 2.1.3 节中已经对具体的声景类型与声景中的主要声源进行了详细描述。

6.1.3　实验细节

6.1.3.1　实验参与者

实验中的 62 名参加者大多数为在校的本科生及研究生，也包括了一部分研究所的研究员，平均年龄为 23.29 岁（标准差 = 5.223；最小值 = 16，最大值 = 40），其中男性 33 人,女性 29 人。实验中由于每名被试将随机抽到 10 个声景,为保证每个声景能达到 30 人以上的最低样本要求,因此需要至少 60 人完成实验。

6.1.3.2　问卷设计

本实验中采用的问卷与第 5 章中的问卷内容相同,在每个声景片段呈现结束后,被试都需要通过 E-prime 软件的刺激呈现界面,对刚刚经历的声景片段进行主观评价因子的评价。

6.1.3.3　实验流程

每名被试会从 20 种声景片段中随机听到其中 10 个片段,每个声景片段在一次实验过程中只会出现一次。这样做的目的是在消除顺序效应的同时,控制并减少实验时间,使被试不会感到疲倦。声景刺激片段的时间被设计为 1 min,因为这样可以更好地观测人的生理反应。每两段声景刺激之间间隔 90 s。一名被试的实验时间控制在 30 min 左右,被试不会因为过长时间的实验而感到疲劳。除此之外,本实验的其他流程与第 3 章中的实验流程相同。

6.1.3.4　数据处理过程

实验结束后对实验采集的数据进行预处理。数据采用 SPSS 25.0 软件进行分析,主要分析方法包括:对生理指标进行方差分析,研究声景类型对生理指标的影响;对主观评价因子进行方差分析,研究声景类型对主观评价因子的影响;对生理指标和主观评价进行分类变量主成分分析,研究如何通过生理指标和主观评价对声景进行分类。对生理指标和主观评价、生理指标和声学参数进行相关分析,研究生理指标与主观评价、声学参数之间的相关性;通过声学参数对生理指标进行回归分析,研究声学参数对生理指标的影响。

6.2　不同声景种类对生理指标的影响

前 5 章分别对生理指标的敏感性、视听交互作用和声音频谱等问题进行了研究,分析了声景的生理效应中的时间因素、视听呈现方式以及声音衰减方式对生理指标的影响。本章具体分析城市公共开放空间中的典型声景对生理指标的影响,并研究如何通过生理指标对声景进行分类。

6.2.1 不同声景中生理指标的变化

由于实验中声音刺激的样本比较多,需要先将每一类声音的生理状态分情况进行讨论。将生理记录仪采集到的生理数据进行计算,得到各项生理指标的数据。数据中包含 620 个样本(62 人×10 段声景),分别计算每种声景下各项生理指标的均值。表 6.1 为不同类型的机械声的生理指标均值与标准差。

表 6.1 不同类型的机械声的生理指标均值与标准差

生理指标		机械声				
		高速路	道路清洗	道路维修	风机	十字路口
心率	均值	0.99	0.43	1.35	2.09	1.94
	标准差	5.03	4.49	3.01	5.33	5.45
R 波幅度	均值	2.41	1.32	1.38	0.58	-0.57
	标准差	5.95	6.41	4.62	8.83	8.73
心率变异性	均值	-17.76	-18.49	-22.32	-20.14	-18.59
	标准差	30.19	34.55	24.25	18.09	33.67
低频	均值	-14.01	-14.76	-9.68	-11.38	-10.99
	标准差	27.08	31.37	27.59	34.26	29.54
高频	均值	54.40	51.21	29.82	29.14	35.03
	标准差	87.74	95.33	70.50	77.98	76.74
低高比	均值	-140.16	-111.24	-108.03	-113.59	-111.55
	标准差	239.27	169.08	225.70	220.98	223.95
α 脑电波	均值	-1.40	-0.95	-6.89	-1.16	-5.23
	标准差	15.27	14.60	15.63	18.15	16.95

续表

生理指标		机械声				
		高速路	道路清洗	道路维修	风机	十字路口
β 脑电波	均值	-3.85	0.20	-2.24	-3.17	-3.51
	标准差	9.67	12.35	8.86	11.71	11.02
体表温度	均值	0.65	0.70	0.82	0.46	0.76
	标准差	0.91	0.84	0.97	0.84	1.05
呼吸频率	均值	11.99	16.89	17.51	10.77	13.75
	标准差	32.63	38.47	34.48	31.26	38.66
呼吸深度	均值	-3.92	-12.96	-12.30	-8.92	-5.00
	标准差	25.26	27.55	28.81	20.69	33.35
皮肤电阻	均值	29.70	37.18	32.07	34.02	27.04
	标准差	54.31	58.36	38.73	62.38	42.99

从表 6.1 可以看出,机械声的生理指标普遍比较负面,尤其是道路维修和道路清洗的声音。即使是与同样声音环境很差的其他机械声相比,道路维修的声音也比其他的机械声带给人更高的心率、更低的心率变异性以及更加急促的呼吸。

同样地,对人为声的数据进行处理,表 6.2 为不同类型的人为声的生理指标均值与标准差。

表 6.2 不同类型的人为声的生理指标均值与标准差

生理指标		人为声					
		儿童嬉戏	早市	篮球场	广场舞	合唱团	临街店铺
心率	均值	0.92	-0.08	0.54	2.79	1.94	0.95
	标准差	4.58	4.51	3.81	4.87	4.25	4.95
R 波幅度	均值	1.66	-0.20	0.96	2.38	2.78	1.96
	标准差	7.06	7.87	9.69	5.53	7.02	6.41

续表

生理指标		人为声					
		儿童嬉戏	早市	篮球场	广场舞	合唱团	临街店铺
心率变异性	均值	-15.72	-22.44	-9.50	-18.23	-13.69	-28.34
	标准差	33.78	19.45	37.92	34.23	29.73	19.55
低频	均值	-7.77	-12.50	-10.63	-3.55	-19.68	-3.08
	标准差	29.66	27.50	22.20	23.76	29.21	32.06
高频	均值	37.69	33.49	32.76	7.64	72.03	3.07
	标准差	81.18	72.26	64.42	46.92	108.19	52.52
低高比	均值	-79.52	-103.43	-77.14	-34.66	-188.06	-53.46
	标准差	157.30	175.82	141.08	108.93	267.64	135.19
α 脑电波	均值	-0.36	-4.36	-3.78	-2.79	-8.17	-0.93
	标准差	19.77	15.30	18.26	14.30	13.09	18.12
β 脑电波	均值	-3.06	-2.19	-0.37	-0.85	-2.08	-0.68
	标准差	5.66	7.93	14.05	10.09	9.71	10.55
体表温度	均值	0.71	0.49	0.46	0.80	0.89	0.93
	标准差	1.21	1.12	1.21	0.93	1.38	1.36
呼吸频率	均值	13.58	19.08	17.57	19.02	11.72	21.22
	标准差	37.51	38.27	26.79	30.64	34.77	34.18
呼吸深度	均值	-10.12	-10.86	-12.07	-8.55	-1.58	-10.85
	标准差	25.26	22.64	33.33	26.89	29.16	27.55
皮肤电阻	均值	21.15	20.33	14.70	34.67	30.29	33.82
	标准差	37.18	36.75	35.55	38.20	52.29	58.95

　　从表 6.2 可以看出,人为声的均值普遍与表 6.1 的均值差别不大,有些人为声带来的影响可能比机械声更为严重,比如广场舞的声音就明显能够给人带来更高的心率和更加急促的呼吸。此外,临街店铺声景中的各项生理指标数值也与广场舞声景中的相似。

对生物声的数据进行处理,表 6.3 为不同类型的生物声的生理指标均值与标准差。

表 6.3　不同类型的生物声的生理指标均值与标准差

生理指标		生物声		
		寂静街道	蝉鸣	鸟鸣
心率	均值	-0.25	-0.38	-0.32
	标准差	5.56	5.14	4.73
R 波幅度	均值	-0.16	-0.46	-1.77
	标准差	4.69	6.78	8.40
心率变异性	均值	-6.64	-11.42	-8.62
	标准差	34.77	37.52	34.10
低频	均值	-12.98	-13.63	9.42
	标准差	26.66	27.78	24.13
高频	均值	36.95	44.45	-5.88
	标准差	61.38	70.45	52.53
低高比	均值	-84.86	-117.76	9.63
	标准差	136.47	184.10	58.87
α 脑电波	均值	2.76	-0.07	0.38
	标准差	12.43	15.19	18.32
β 脑电波	均值	-0.95	3.27	3.33
	标准差	11.70	14.94	14.22
体表温度	均值	0.80	0.43	0.81
	标准差	0.80	0.81	1.16
呼吸频率	均值	5.01	7.21	1.71
	标准差	21.22	34.27	26.86
呼吸深度	均值	-12.53	-9.96	0.16
	标准差	25.59	28.02	23.02
皮肤电阻	均值	18.62	13.46	3.20
	标准差	35.88	32.09	36.65

由于城市公共开放空间中纯粹的生物声比较少,此处只对表 6.3 中的 3 种典型的生物声场景进行了分析。由表可知,从生理指标来看,生物声普遍给人带来更放松的感受,这尤其体现在 α 脑电波上。

对地质自然声的数据进行处理,如表 6.4 为不同类型的地质自然声的生理指标均值与标准差。

表6.4　不同类型的地质自然声的生理指标均值与标准差

生理指标		地质自然声					
		风吹树叶	海浪	小瀑布	暴雨	风铃	喷泉
心率	均值	-0.38	-0.10	0.73	1.60	0.11	-1.76
	标准差	2.80	3.63	4.95	3.94	5.47	3.58
R 波幅度	均值	-1.26	1.68	2.97	1.43	0.07	-1.15
	标准差	7.92	6.96	7.91	5.29	6.89	4.08
心率变异性	均值	-9.27	-4.18	-16.10	-16.49	-8.63	-7.75
	标准差	27.12	37.00	28.73	18.91	27.82	23.42
低频	均值	-8.99	-15.12	-8.61	-13.58	-18.39	-17.92
	标准差	29.93	29.29	28.07	26.92	28.01	23.54
高频	均值	16.68	38.56	32.06	40.10	46.57	45.00
	标准差	64.03	77.10	76.53	78.96	66.50	67.39
低高比	均值	-52.88	-125.28	-93.52	-86.55	-146.16	-108.38
	标准差	149.10	222.46	200.13	150.94	191.36	134.86
α 脑电波	均值	1.21	0.78	1.61	-4.35	-2.28	0.75
	标准差	16.92	13.46	12.99	15.41	12.25	4.99
β 脑电波	均值	-0.95	0.68	0.73	0.85	1.22	4.42
	标准差	11.90	11.65	10.84	10.40	12.57	14.34
体表温度	均值	0.62	0.53	0.47	0.43	0.45	0.72
	标准差	0.83	0.94	0.77	0.86	1.06	0.87
呼吸频率	均值	6.79	9.80	8.49	20.02	9.02	3.45
	标准差	35.72	33.34	36.38	42.21	29.77	22.87

续表

生理指标		地质自然声					
		风吹树叶	海浪	小瀑布	暴雨	风铃	喷泉
呼吸深度	均值	−6.53	2.23	−3.28	−13.88	−5.39	−5.67
	标准差	26.17	41.78	26.98	25.38	25.91	29.83
皮肤电阻	均值	22.83	15.49	27.33	26.76	30.73	16.80
	标准差	40.46	39.79	48.01	44.55	63.13	37.48

从表 6.4 可以看出，地质自然声下的生理指标普遍良好，尤其体现在心率、α 脑电波和皮肤电阻上。在大部分地质自然声中，人的心率和皮肤电阻值更低，α 脑电波更高。这说明人的身体在地质自然声中普遍更加放松。值得注意的是，并不是所有的地质自然声都能够给人带来特别明显的生理上的放松，暴雨声和风吹树叶声从许多生理指标来看，并不是让人舒适的。

6.2.2 经验分类下声景对生理指标的影响

在上一节中，已经对不同类型的声音分别进行了讨论。其中，机械声、人为声、生物声和地质自然声是根据人为经验进行分类的。虽然这些声音的分类在能够理解声景含义的人的眼中基本上是共识，但人对声音的生理反应可能不是如此，因为声音本身并没有任何含义，因此本节通过方差分析，研究这 4 种声景类型是否能够影响人的生理指标。将心率作为因变量，将 4 种声景类型作为自变量，得到的方差分析结果如表 6.5 所示，该模型的边际均值如图 6.1 所示，为了简化输出结果，图中用星号（*）标记表示事后检验的结果，星号标记相同则表明这些声景类型在一个同质子集中，彼此之间没有显著差异。

由表 6.5 可知，声景类型对心率的影响是显著的（$p = 0.008 < 0.050$），这说明以常用的声景分类方法可以观测到心率的差异。由图 6.1 可知，人在生物声为主导声源的声景中，心率要比其他声景中低；而在机械声为主导声源的声景

中,心率要比其他声景中显著升高。对 R 波幅度进行方差分析,结果如表 6.6 所示,相应的边际均值如图 6.2 所示。

表 6.5　声景类型对心率的影响

源	Ⅲ类平方和	df	均方	F	显著性
修正模型	261.295	3	87.098	3.954	0.008
截距	184.831	1	184.831	8.392	0.004
声景类型	261.295	3	87.098	3.954	0.008
误差	12 730.862	578	22.026		
总计	13 300.861	582			
修正后总计	12 992.157	581			

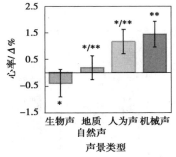

图 6.1　心率的边际均值(声景类型)

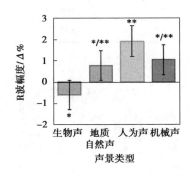

图 6.2　R 波幅度的边际均值(声景类型)

表 6.6　声景类型对 R 波幅度的影响

源	Ⅲ类平方和	df	均方	F	显著性
修正模型	370.946	3	123.649	2.449	0.063
截距	324.430	1	324.430	6.426	0.012
声景类型	370.946	3	123.649	2.449	0.063
误差	29 431.805	583	50.483		
总计	30 411.901	587			
修正后总计	29 802.751	586			

由表 6.6 可知,声景类型对 R 波幅度的影响不显著,但是在事后检验中,不同声景类型之间存在差异。在图 6.2 中,生物声构成的声景的 R 波幅度要显著低于其他 3 个类别的声景,而人为声构成的声景的 R 波幅度比其他声景要高。

对心率变异性进行方差分析,结果如表 6.7 所示,相应的边际均值如图 6.3 所示。

表 6.7　声景类型对心率变异性的影响

源	Ⅲ类平方和	df	均方	F	显著性
修正模型	9 680.683	3	3 226.894	3.453	0.016
截距	99 895.779	1	99 895.779	106.893	<0.001
声景类型	9 680.683	3	3 226.894	3.453	0.016
误差	537 362.103	575	934.543		
总计	666 415.619	579			
修正后总计	547 042.786	578			

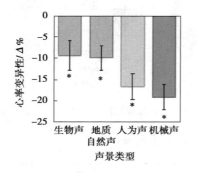

图 6.3　心率变异性的边际均值(声景类型)　　图 6.4　低频的边际均值(声景类型)

由表 6.7 可知,声景类型对心率变异性的影响是显著的,但在图 6.3 中,4 种声景类型的差异并不显著,虽然图中生物声和地质自然声的心率变异性要高于人造声和机械声,但这些差别在统计学上并没有达到显著水平。对低频进行方差分析,结果如表 6.8 所示,相应的边际均值如图 6.4 所示。

表 6.8　声景类型对低频的影响

源	III 类平方和	df	均方	F	显著性
修正模型	11 790.612	3	3 930.204	0.706	0.549
截距	586 181.333	1	586 181.333	105.243	<0.001
声景类型	11 790.612	3	3 930.204	0.706	0.549
误差	3 341 887.394	600	5 569.812		
总计	4 032 740.670	604			
修正后总计	3 353 678.007	603			

由表 6.8 可知,低频对声景类型的影响不显著;在图 6.4 中,也很难看出 4 种声景类型之间的差异。事后检验的结果表明,4 种声景处在一个子集之中,彼此之间没有显著差异。

对高频进行方差分析,结果如表 6.9 所示,相应的边际均值如图 6.5 所示。

表 6.9　声景类型对高频的影响

源	III 类平方和	df	均方	F	显著性
修正模型	2 832.802	3	944.267	1.178	0.317
截距	54 363.494	1	54 363.494	67.815	<0.001
声景类型	2 832.802	3	944.267	1.178	0.317
误差	485 795.220	606	801.642		
总计	556 106.289	610			
修正后总计	488 628.022	609			

由表 6.9 可知,与低频指标相似,声景类型对高频的影响不显著,不同的声景类型在高频指标上也没有显著差异。如图 6.5 中,所有声景类型也被划分在同一个子集中,彼此之间没有显著差异。

对低高比进行方差分析,结果如表 6.10 所示,相应的边际均值如图 6.6 所示。

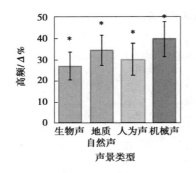
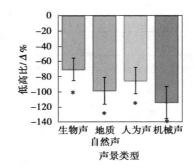

图 6.5　高频的边际均值(声景类型)　　图 6.6　低高比的边际均值(声景类型)

表 6.10　声景类型对低高比的影响

源	Ⅲ类平方和	df	均方	F	显著性
修正模型	128 705.905	3	42 901.968	1.275	0.282
截距	4 560 470.140	1	4 560 470.140	135.576	<0.001
声景类型	128 705.905	3	42 901.968	1.275	0.282
误差	20 148 976.764	599	33 637.691		
总计	25 697 817.391	603			
修正后总计	20 277 682.669	602			

　　表 6.10 的数据结果说明,声景类型对低高比的影响不显著,低高比所受声景类型的影响与低频和高频相同。常规的声景分类方式下,几乎无法观察到心率变异性在频域信号上的差异。在如图 6.6 中得到的结果与之相同,4 个声景类型被归入一个子集中。

　　对 α 脑电波进行方差分析,结果如表 6.11 所示,相应的边际均值如图 6.7 所示。

　　由表 6.11 可知,在方差模型中声景类型对 α 脑电波的影响显著;如图 6.7 的结果表明,在生物声主导的声景中 α 脑电波要显著高于在其他类型的声景中,而机械声声景中的 α 脑电波要低于在其他 3 个类型的声景中。

表 6.11　声景类型对 α 脑电波的影响

源	Ⅲ类平方和	df	均方	F	显著性
修正模型	1 709.729	3	569.910	4.525	0.004
截距	104.255	1	104.255	0.828	0.363
声景类型	1 709.729	3	569.910	4.525	0.004
误差	72 929.733	579	125.958		
总计	74 932.050	583			
修正后总计	74 639.462	582			

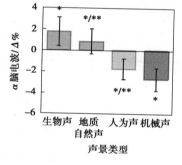

图 6.7　α 脑电波的边际均值(声景类型)

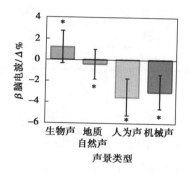

图 6.8　β 脑电波的边际均值(声景类型)

对 β 脑电波进行方差分析,结果如表 6.12 所示,相应的边际均值如图 6.8 所示。

表 6.12　声景类型对 β 脑电波的影响

源	Ⅲ类平方和	df	均方	F	显著性
修正模型	1 843.707	3	614.569	2.420	0.065
截距	1 083.296	1	1 083.296	4.266	0.039
声景类型	1 843.707	3	614.569	2.420	0.065
误差	147 040.663	579	253.956		
总计	150 866.797	583			
修正后总计	148 884.370	582			

由表 6.12 可知,声景类型对 β 脑电波的影响不显著。在如图 6.8 的结果中,4 个声景类型也被归为一个子集,彼此之间没有显著差异。

对体表温度进行方差分析,结果如表 6.13 所示,相应的边际均值如图 6.9 所示。

表 6.13　声景类型对体表温度的影响

源	III 类平方和	df	均方	F	显著性
修正模型	2.590	3	0.863	0.838	0.473
截距	227.574	1	227.574	220.944	0.000
声景类型	2.590	3	0.863	0.838	0.473
误差	601.527	584	1.030		
总计	861.869	588			
修正后总计	604.117	587			

由表 6.13 可知,声景类型对体表温度没有显著影响,4 个声景类型的分布在图 6.9 中也没有明显规律。

对呼吸频率进行方差分析,结果如表 6.14 所示,相应的边际均值如图 6.10 所示。

表 6.14　声景类型对呼吸频率的影响

源	III 类平方和	df	均方	F	显著性
修正模型	9 242.772	3	3 080.924	2.673	0.047
截距	73 631.606	1	73 631.606	63.885	<0.001
声景类型	9 242.772	3	3 080.924	2.673	0.047
误差	708 825.275	615	1 152.561		
总计	814 120.001	619			
修正后总计	718 068.046	618			

由表 6.14 可知,声景类型对呼吸频率的影响是显著的,但在图 6.10 中 4 种

声景类型之间没有统计学上的差异。这可能是由于雪费法(Scheffe method)的计算比较保守,并且主效应的显著性也十分接近 0.05($p=0.047$),说明显著性并不强。

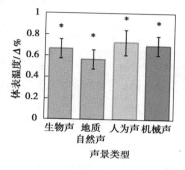 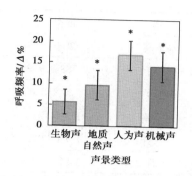

图 6.9　体表温度的边际均值(声景类型)　　图 6.10　呼吸频率的边际均值(声景类型)

对呼吸深度进行方差分析,结果如表 6.15 所示,相应的边际均值如图 6.11 所示。

表 6.15　声景类型对呼吸深度的影响

源	Ⅲ类平方和	df	均方	F	显著性
修正模型	1 516.100	3	505.367	0.617	0.604
截距	27 665.353	1	27 665.353	33.799	<0.001
声景类型	1 516.100	3	505.367	0.617	0.604
误差	496 028.421	606	818.529		
总计	527 298.993	610			
修正后总计	497 544.521	609			

由表 6.15 可知,声景类型对呼吸深度的影响不显著,在图 6.11 中也没有发现明显的规律,4 个声景类型在同一个子集中。

对皮肤电阻进行方差分析,结果如表 6.16 所示,相应的边际均值如图 6.12 所示。

由表 6.16 可知,声景类型对皮肤电阻的影响是显著的;如图 6.12 所示,在生物声构成的声景中皮肤电阻值要显著低于在其他 3 种声景中,而在机械声声景中皮肤电阻值要比在其他 3 种声景中高。

表 6.16　声景类型对皮肤电阻的影响

源	Ⅲ类平方和	df	均方	F	显著性
修正模型	20 938.602	3	6 979.534	3.472	0.016
截距	288 329.951	1	288 329.951	143.441	<0.001
声景类型	20 938.602	3	6 979.534	3.472	0.016
误差	1 230 178.353	612	2 010.095		
总计	1 620 994.745	616			
修正后总计	1 251 116.955	615			

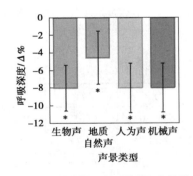

图 6.11　呼吸深度的边际均值(声景类型)　图 6.12　皮肤电阻的边际均值(声景类型)

将本节中的方差分析模型汇总,得到声景类型对生理指标影响的示意图,如图 6.13 所示,箭头表示自变量对因变量的影响显著。由图可知,生理指标中心率、心率变异性、α脑电波、呼吸频率以及皮肤电阻比较敏感,可以观察到不同类型的声景的差异。换句话说,这些指标的变化与常见的以声源类型作为分类标准的声景类型比较契合。在声景类型方面,以生物声和地质自然声为主导声源的声景可以给人带来生理上的舒适;生物声和地质自然声之间也有差异,生物声往往令人更加放松。此外,对以人为声和机械声为主导声源的声景进行分类也是有意义的,机械声构成的声景往往使人更加不舒适。

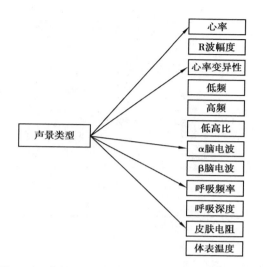

图 6.13 声景类型对生理指标影响的方差模型总结

6.2.3 生理指标的主成分分类

由于生理指标和声景的种类都很多,难以通过 6.2.1 节中的表格总结趋势,在本节中将生理指标降维,通过分类主成分分析(Categorical Principal Components Analysis,CATPCA),来研究不同的声景在生理指标中的分布。这样做不仅能够看清对于不同的声景以生理指标作为观察手段时,其彼此之间的关系,也可以理清生理指标之间的关系。12 种生理指标的二维平面结果如图 6.14 所示,20 种声景在二维生理平面上的分布如图 6.15 所示。

如图 6.14 所示,在二维的生理指标平面中,维度 2 的主要成分只包括了低频、高频和低高比这 3 种指标,体表温度和呼吸深度的主要成分并没有被充分地提取(向量的长度小于 0.5),而其他生理指标几乎都被提取到维度 1 中。如图 6.15 中生物声和地质自然声都分布在维度 1 的负轴上,机械声和人为声普遍分布在正轴上,其中人为声的分布比较接近坐标轴的原点。水平轴方向,左边大部分是生物声和地质自然声,右边是机械声和人为声等噪声;而在垂直轴的维度上的规律很难加以总结。

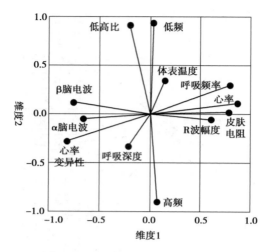

图 6.14　12 种生理指标的空间分布

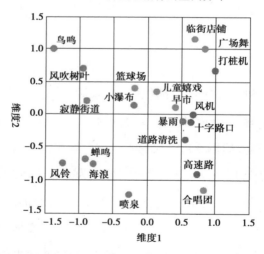

图 6.15　典型声景在主成分中的投影(12 种生理指标)

　　由于生理指标中低频、高频以及低高比之间的相关性较强(关于三者的计算,从定义就确定几乎可以通过其中一个指标的数据来预测另两者的数据),因此造成了在计算中生理指标的第二维度几乎完全被以上 3 个指标主导,这对于运用生理指标来观察人在不同声环境下的反应来说并不合理。此外,体表温度在模型中被提取得最少,该指标本身的变化趋势也似乎不被声景中的变量影响(这与第 3、第 4、第 5 章中的结果相同)。基于以上原因,我们将高频、低高比和

体表温度移出 CATPCA 模型,得到了新的生理指标维度和声音分布图,如图
6.16、图 6.17 所示。

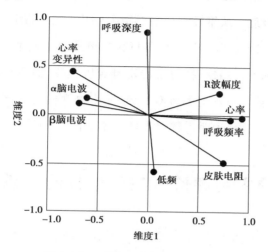

图 6.16　9 种生理指标的空间分布

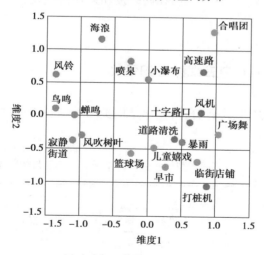

图 6.17　典型声景在主成分中的投影(9 种生理指标)

　　由图 6.16 可知,移除了部分生理指标之后,剩余的生理指标的贡献度显著
上升。维度 1 中生理指标主要依靠 α 脑电波、心率变异性、皮肤电阻、呼吸频
率、心率和 R 波幅度构成,维度 2 中的主要成分是高频和呼吸深度。由图 6.17
可知,生理指标对声景类型的分类的反应更加显著。从维度 1 上看,生物声和

地质自然声主要分布在维度 1 的负轴上,而机械声和人为声主要分布在维度 1 的正轴上。其中暴雨声是例外,虽然暴雨声属于地质自然声,但它的生理指标与机械噪声更为接近。从维度 2 上看,临街店铺声和道路维修声最低,海浪声和合唱团声最高。这表明,维度 2 可能意味着声景中的规律性或可预测性。因为在维度 2 的负轴上,声景往往更加混乱且难以预测,而在正轴上声景更具有规律性,可以预知整个声环境的节奏。此外,生物声构成的声景在维度 2 上要比地质自然声更低,这也说明生物声本身比较没有规律性。

6.3 声景的主观评价与生理指标的关系

与前一节中对生理指标的分析相同,本节中对主观评价的数据进行研究,分析声景类型对主观评价因子的影响,以及如何通过主观评价的数据对不同的声景进行分类。

6.3.1 不同声环境中主观评价的变化

对主观评价的数据进行分析,得出不同类型的机械声的主观评价均值与标准差,如表 6.17 所示。

表 6.17 不同类型的机械声的主观评价均值与标准差

生理指标		机械声				
		高速路	道路清洗	道路维修	风机	十字路口
舒适度	均值	2.14	1.26	1.23	1.96	2.65
	标准差	1.09	0.51	0.51	0.84	1.06
粗糙度	均值	5.89	6.65	6.81	5.80	5.49
	标准差	1.06	0.75	0.40	0.91	0.96
愉悦度	均值	2.31	1.61	1.38	1.88	2.84
	标准差	1.09	1.09	0.80	0.88	1.17

续表

生理指标		机械声				
		高速路	道路清洗	道路维修	风机	十字路口
主观响度	均值	6.25	6.71	6.81	5.80	6.05
	标准差	0.73	0.53	0.4	1.38	0.78
喜好度	均值	2.00	1.29	1.08	1.08	2.54
	标准差	0.99	0.46	0.28	0.28	1.10
熟悉度	均值	6.14	4.10	5.08	5.08	6.38
	标准差	0.73	1.74	1.35	1.35	0.68
主观强度	均值	6.14	6.71	6.69	5.84	5.59
	标准差	0.80	0.53	0.55	0.99	0.90
混乱度	均值	5.75	6.45	6.69	5.75	6.03
	标准差	0.97	0.77	0.55	1.29	0.83
事件感	均值	1.78	1.77	2.31	1.92	2.24
	标准差	1.07	1.18	1.64	1.00	1.26
兴奋度	均值	2.17	1.55	2.42	1.52	3.30
	标准差	1.03	0.77	1.63	0.59	1.76
协调度	均值	4.61	2.84	3.62	3.36	4.70
	标准差	1.89	1.97	2.35	1.66	1.78

由表 6.17 可知,机械声中的主观评价普遍很差,尤其是道路维修和道路清洗的声音。但其中也有例外,比如高速路的声音中的协调度相对较高。除此之外,机械声中的事件感也普遍较低。

人为声的主观评价数据如表 6.18 所示。

由表 6.18 可知,人为声的主观评价也比较消极,大部分声景中的舒适度和喜好度都很低,但与表 6.17 相比,人为声中的舒适度和喜好度等评价相对较高。除此之外,人为声中的协调度普遍较低但舒适度普遍较高。

表6.18　不同类型的人为声的主观评价均值与标准差

生理指标		人为声					
		儿童嬉戏	早市	篮球场	广场舞	合唱团	临街店铺
舒适度	均值	2.91	3.13	5.06	3.24	4.39	4.36
	标准差	1.31	1.11	1.14	1.54	1.50	1.40
粗糙度	均值	5.61	5.10	3.70	5.15	3.55	4.18
	标准差	0.70	0.92	0.81	0.93	1.31	1.05
愉悦度	均值	3.30	3.43	5.21	3.82	4.42	4.68
	标准差	1.49	1.28	1.11	1.66	1.43	1.21
主观响度	均值	6.15	6.17	4.70	5.97	4.94	5.41
	标准差	0.80	0.75	0.98	0.72	1.03	0.85
喜好度	均值	3.00	2.87	5.15	3.35	4.26	4.41
	标准差	1.50	1.20	1.12	1.57	1.34	1.40
熟悉度	均值	5.55	6.23	6.61	6.06	4.77	5.68
	标准差	1.28	0.86	0.61	1.04	1.43	1.04
主观强度	均值	5.85	5.63	4.82	5.85	5.42	5.05
	标准差	0.83	0.85	1.01	0.82	0.92	1.17
混乱度	均值	6.00	6.07	4.48	5.59	4.19	5.09
	标准差	0.79	0.98	1.25	0.78	1.30	0.97
事件感	均值	2.48	2.33	3.76	3.85	5.45	3.59
	标准差	1.44	1.56	1.41	1.65	1.67	1.92
兴奋度	均值	5.58	4.67	6.12	5.24	4.61	5.14
	标准差	1.44	1.69	0.93	1.60	1.61	1.25
协调度	均值	5.45	5.60	5.88	4.76	5.26	5.27
	标准差	1.56	1.38	1.22	1.94	1.67	1.70

生物声的主观评价数据如表6.19所示。

表 6.19　不同类型的生物声的主观评价均值与标准差

生理指标		生物声		
		寂静街道	蝉鸣	鸟鸣
舒适度	均值	5.85	4.69	5.92
	标准差	1.32	1.40	1.32
粗糙度	均值	2.46	3.78	2.13
	标准差	1.36	1.18	1.30
愉悦度	均值	5.81	4.81	5.71
	标准差	1.23	1.26	1.27
主观响度	均值	2.77	3.91	2.71
	标准差	1.63	1.55	1.20
喜好度	均值	5.65	4.69	5.67
	标准差	1.29	1.28	1.49
熟悉度	均值	5.65	5.59	4.63
	标准差	0.69	1.24	1.71
主观强度	均值	3.46	4.81	3.58
	标准差	1.24	1.09	1.44
混乱度	均值	2.58	3.66	2.33
	标准差	1.53	1.29	1.34
事件感	均值	3.92	3.88	3.50
	标准差	1.67	1.36	1.79
兴奋度	均值	4.40	4.63	4.79
	标准差	1.58	1.62	1.53
协调度	均值	5.96	5.75	5.92
	标准差	1.22	1.37	1.50

由表 6.19 可知,生物声中的主观评价都很积极,其中舒适度、愉悦度和喜好度等主观评价因子的值都很高,并且 3 种生物声中的事件感的值也相对较

高。不仅如此,生物声中混乱度、主观响度等负面因子的值都很低。此外,生物声中的协调度也十分高,即使是在寂静街道的声景中,被试者面对的是步行街的实景,也觉得声景中的鸟鸣声与该场景十分契合。

表6.20 为地质自然声的主观评价均值和标准差。

表6.20 不同类型的地质自然声的主观评价均值与标准差

生理指标		地质自然声					
		海浪	风吹树叶	小瀑布	暴雨	风铃	喷泉
舒适度	均值	5.50	4.97	4.00	4.25	5.36	5.83
	标准差	1.21	1.47	1.48	1.76	1.08	0.87
粗糙度	均值	3.15	2.68	4.89	3.82	3.18	1.92
	标准差	1.19	1.32	1.05	1.59	1.10	0.72
愉悦度	均值	5.46	4.56	4.00	4.25	5.45	5.33
	标准差	1.07	1.35	1.31	1.76	1.06	1.01
主观响度	均值	3.58	2.85	5.03	4.36	4.64	2.38
	标准差	1.39	1.23	1.25	1.70	1.06	1.01
喜好度	均值	5.69	4.71	3.83	4.43	5.15	5.46
	标准差	1.29	1.59	1.56	1.95	1.20	1.32
熟悉度	均值	4.92	4.97	4.97	6.54	5.79	4.42
	标准差	1.29	1.40	1.32	0.58	1.24	1.64
主观强度	均值	4.81	3.68	5.68	4.64	4.55	3.29
	标准差	1.20	1.32	0.88	1.28	0.97	1.04
混乱度	均值	3.00	2.91	4.26	3.61	4.55	2.21
	标准差	1.30	1.42	1.38	1.75	1.30	1.14
事件感	均值	4.08	3.18	3.34	3.96	3.70	4.96
	标准差	1.90	1.53	1.85	1.99	1.78	2.03
兴奋度	均值	4.96	3.44	4.20	4.14	5.64	4.08
	标准差	1.28	1.40	1.83	1.60	0.93	1.44
协调度	均值	6.62	5.12	5.77	6.04	6.06	5.96
	标准差	0.50	1.77	1.03	1.23	0.97	1.20

　　由表 6.20 可知,人们对地质自然声的主观评价也比较正面,舒适度、愉悦度和喜好度的值都很高;但对暴雨声的主观评价较差,虽然高于平均值,但在所有自然声中是评价最差的。此外,地质自然声中的协调度更高,普遍高于生物声中。

6.3.2　经验分类下声景对主观评价的影响

　　本节通过方差分析,研究按常见的声景分类方法总结出的声景类型是否会对主观评价的值造成影响。与 6.2.2 节相似,将各个主观评价因子作为因变量、4 种声景类型作为自变量,得到方差分析结果并绘制各个模型的边际均值。对舒适度进行方差分析,结果如表 6.21 所示,相应的边际均值如图 6.18 所示。

表 6.21　声景类型对舒适度的影响

源	Ⅲ类平方和	df	均方	F	显著性
修正模型	989.735	3	329.912	158.946	<0.001
截距	8 983.081	1	8 983.081	4 327.909	<0.001
声景类型	989.735	3	329.912	158.946	<0.001
误差	1 274.429	614	2.076		
总计	11 639.000	618			
修正后总计	2 264.163	617			

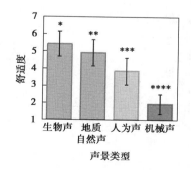

图 6.18　舒适度的边际均值(声景类型)

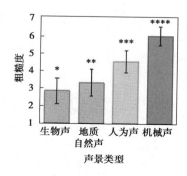

图 6.19　粗糙度的边际均值(声景类型)

由表 6.21 可知,声景类型对舒适度的影响是十分显著的。从图 6.18 中可以看出,4 种类型的声景被分成了 4 个子集,说明 4 种声景之间都有显著差异。其中,生物声中的舒适度最高,地质自然声中的舒适度其次,而机械声中的舒适度最低。

对粗糙度进行方差分析,结果如表 6.22 所示,相应的边际均值如图 6.19 所示。由表 6.22 可知,声景类型对粗糙度的影响是显著的($p<0.001$)。从图 6.19 中可以看出,4 种类型的声景被分为了 4 类,其中生物声中的粗糙度最低,地质自然声中的粗糙度其次,而机械声中的粗糙度最高。

表 6.22　声景类型对粗糙度的影响

源	Ⅲ类平方和	df	均方	F	显著性
修正模型	838.054	3	279.351	158.222	<0.001
截距	9 777.279	1	9 777.279	5 537.755	<0.001
声景类型	838.054	3	279.351	158.222	<0.001
误差	1 087.589	616	1.766		
总计	13 675.000	620			
修正后总计	1 925.644	619			

对愉悦度进行方差分析,结果如表 6.23 所示,相应的边际均值如图 6.20 所示。

表 6.23　声景类型对愉悦度的影响

源	Ⅲ类平方和	df	均方	F	显著性
修正模型	865.698	3	288.566	147.860	<0.001
截距	9 356.944	1	9 356.944	4 794.446	<0.001
声景类型	865.698	3	288.566	147.860	<0.001
误差	1 202.199	616	1.952		
总计	11 924.000	620			
修正后总计	2 067.897	619			

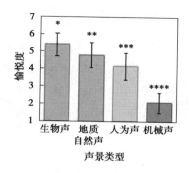

图 6.20 愉悦度的边际均值(声景类型)

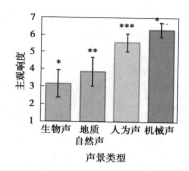

图 6.21 主观响度的边际均值(声景类型)

由表 6.23 可知,声景类型对愉悦度的影响是显著的。从图 6.20 中可以看出,4 种类型的声景被分为 4 类,生物声中的愉悦度最高,机械声中的愉悦度最低,这与舒适度的数据的趋势相同。

对主观响度进行方差分析,结果如表 6.24 所示,相应的边际均值如图 6.21 所示。

表 6.24 声景类型对主观响度的影响

源	Ⅲ类平方和	df	均方	F	显著性
修正模型	845.060	3	281.687	169.912	<0.001
截距	12 389.206	1	12 389.206	7 473.107	<0.001
声景类型	845.060	3	281.687	169.912	<0.001
误差	1 021.229	616	1.658		
总计	16 959.000	620			
修正后总计	1 866.289	619			

由表 6.24 可知,声景类型受主观响度的影响是显著的。从图 6.21 中可以看出,主观响度的均值趋势与粗糙度相似,4 种声景类型被分成了 4 个子集,生物声中的主观响度最低,机械声中的主观响度最高。

对喜好度进行方差分析,结果如表 6.25 所示,相应的边际均值如图 6.22 所示。

表 6.25　声景类型对喜好度的影响

源	Ⅲ类平方和	df	均方	F	显著性
修正模型	985.135	3	328.378	150.501	<0.001
截距	8 603.010	1	8 603.010	3 942.894	<0.001
声景类型	985.135	3	328.378	150.501	<0.001
误差	1 341.870	615	2.182		
总计	11 340.000	619			
修正后总计	2 327.005	618			

由表 6.25 可知,声景类型对喜好度的影响是显著的。如图 6.22 所示,其规律与舒适度、愉悦度相同。4 种类型的声景之间都存在显著差异,其中人们对生物声的喜好度最高,对机械声的喜好度最低。

对熟悉度进行方差分析,结果如表 6.26 所示,相应的边际均值如图 6.23 所示。

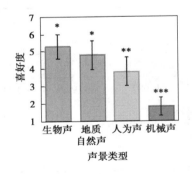

图 6.22　喜好度的边际均值(声景类型)　　图 6.23　熟悉度的边际均值(声景类型)

由表 6.26 可知,声景类型对熟悉度的影响是显著的。从图 6.23 中可知,事后检验将 4 种声景类型分为两类,其中人为声的熟悉度较高,其他 3 种声景类型彼此之间在熟悉度上没有差异。

表 6.26　声景类型对熟悉度的影响

源	Ⅲ类平方和	df	均方	F	显著性
修正模型	40.090	3	13.363	6.749	<0.001
截距	16 314.678	1	16 314.678	8 239.448	<0.001
声景类型	40.090	3	13.363	6.749	<0.001
误差	1 215.763	614	1.980		
总计	19 731.000	618			
修正后总计	1 255.853	617			

对主观强度进行方差分析,结果如表 6.27 所示,相应的边际均值如图 6.24 所示。由表 6.27 可知,声景类型对主观强度的影响显著。4 种类型的声景在图 6.24 中被分为 4 类,与粗糙度等指标的趋势相同,生物声中的主观强度最低,机械声中的主观强度最高。

表 6.27　声景类型对主观强度的影响

源	Ⅲ类平方和	df	均方	F	显著性
修正模型	349.228	3	116.409	78.774	<0.001
截距	13 923.816	1	13 923.816	9 422.227	<0.001
声景类型	349.228	3	116.409	78.774	<0.001
误差	908.824	615	1.478		
总计	17 605.000	619			
修正后总计	1 258.052	618			

对混乱度进行方差分析,结果如表 6.28 所示,相应的边际均值如图 6.25 所示。

由表 6.28 可知,声景类型对混乱度的影响是显著的。由图 6.25 可知,事后检验中 4 种声景被分成了 4 类,说明 4 种声景彼之间在混乱度上都存在显著差异。其中生物声中的混乱度最低,机械声中的混乱度最高,地质自然声和人为声则处于中间位置。

表 6.28 声景类型对混乱度的影响

源	III 类平方和	df	均方	F	显著性
修正模型	893.096	3	297.699	157.883	<0.001
截距	10 818.350	1	10 818.350	5 737.449	<0.001
声景类型	893.096	3	297.699	157.883	<0.001
误差	1 159.624	615	1.886		
总计	15 230.000	619			
修正后总计	2 052.721	618			

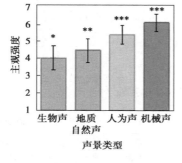

图 6.24 主观强度的边际均值(声景类型)

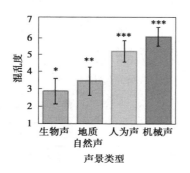

图 6.25 混乱度的边际均值(声景类型)

对事件感进行方差分析,结果如表 6.29 所示,相应的边际均值如图 6.26 所示。

表 6.29 声景类型对事件感的影响

源	III 类平方和	df	均方	F	显著性
修正模型	349.913	3	116.638	39.064	<0.001
截距	5 888.175	1	5 888.175	1 972.031	<0.001
声景类型	349.913	3	116.638	39.064	<0.001
误差	1 839.279	616	2.986		
总计	8 699.000	620			
修正后总计	2 189.192	619			

由表 6.29 可知,声景类型对事件感的影响是显著的,从图 6.26 中可以看出,事后检验将 4 种声景类型分成了两类,其中机械声中的事件感最低;其他 3 类声景之间在事件感上没有显著差异。此外,本书的研究中对声景中的事件感的评分普遍较低。

对兴奋度进行方差分析,结果如表 6.30 所示,相应的边际均值如图 6.27 所示。

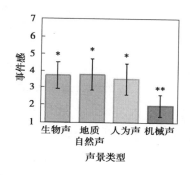

图 6.26　事件感的边际均值(声景类型)

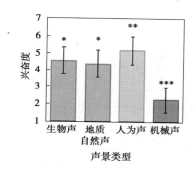

图 6.27　兴奋度的边际均值(声景类型)

表 6.30　声景类型对兴奋度的影响

源	Ⅲ类平方和	df	均方	F	显著性
修正模型	795.735	3	265.245	108.605	<0.001
截距	9 235.507	1	9 235.507	3 781.484	<0.001
声景类型	795.735	3	265.245	108.605	<0.001
误差	1 502.013	615	2.442		
总计	12 745.000	619			
修正后总计	2 297.748	618			

由表 6.30 可知,声景类型对兴奋度的影响是显著的。从图 6.27 中可以看出,事后检验将 4 种声景类型分成了 3 类。其中,人为声中的兴奋度最高,与其他 3 类声景有显著差异;而机械声中的最低,也与其他 3 类声景有显著差异;生物声和地质自然声中的兴奋度适中,二者之间没有显著差异。

对协调度进行方差分析,结果如表 6.31 所示,相应的边际均值如图 6.28
所示。

表 6.31　声景类型对协调度的影响

源	III 类平方和	df	均方	F	显著性
修正模型	385.127	3	128.376	49.058	<0.001
截距	15 397.571	1	15 397.571	5 884.077	<0.001
声景类型	385.127	3	128.376	49.058	<0.001
误差	1 611.961	616	2.617		
总计	18 981.000	620			
修正后总计	1 997.089	619			

由表 6.31 可知,声景类型对协调度的影响是显著的。从图 6.28 中可以看
出,声景类型被分成了两类,机械声中的协调度最低,与其他 3 种类型的声景存
在显著差异。

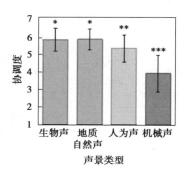

图 6.28　协调度的边际均值(声景类型)

对本节中方差分析的总结如图 6.29 所示,其中箭头表示自变量对因变量
的影响显著。综上所述,声景类型对所有主观评价因子的影响都是显著的。大
部分的主观评价因子可以将声景类型分成 4 类。其中,对生物声和地质自然声
的评价普遍是正面的,对生物声的主观评价往往更好;对人为声和机械声的评
价普遍是负面的,对机械声的评价往往比人为声更差。此外,人们对熟悉度、事

件感和协调度 3 个因子的评价比较居中,主要原因是这 3 个评价因子都是比较中性的词,在主观上没有好坏之分。

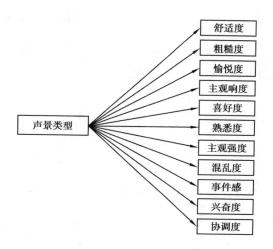

图 6.29　声景类型对主观评价因子的影响的方差模型总结

6.3.3　主观数据的主成分分类

本节通过对主观数据进行分类主要成分分析(CATPCA),研究不同的声景在主观评价因子中的分布。研究各个主观评价因子之间的关系以及不同类别的声景在主观评价上的差异,结果如图 6.30、图 6.31 所示。

由图 6.30 可知,对主观评价因子降维后,维度 1 的正轴主要由舒适度、愉悦度、喜好度和事件感构成,负轴主要由主观响度、主观强度、混乱度和粗糙度构成。而维度 2 的正轴主要是由熟悉度构成。兴奋度和协调度都在第一象限中,对维度 1 和维度 2 都有正向的贡献。所有的主观评价因子距离坐标轴原点都很远,说明在降维过程中主观评价因子对模型的贡献度都很高。

从图 6.31 中可以看出,不同的声景分布较为均匀。从维度 1 上看,生物声和地质自然声普遍分布在正轴上,说明对它们的愉悦度、舒适度和喜好度等平均值较高,而主观强度、粗糙度等平均值较低。其中,风铃声在维度 1 的值最高,这说明风铃声构成的声景可能是人们最喜爱的声景。机械声和人为声在维度 1 上都分布在负轴,其中机械声比人为声更加负面,道路清洗声和道路维修声在维度 1 的值最低,说明人们对这两种声景最厌恶。从维度 2 上看,生物声和人为声之间没有太大的差异,人为声和机械声之间的差别较大;人为声普遍分布在维度 2 的正轴上,说明人们对这些声景比较熟悉,机械声普遍分布在维度 2 的负轴上,说明人们不是经常听到机械声。

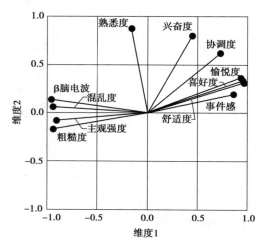

图 6.30　11 种主观评价因子的空间分布

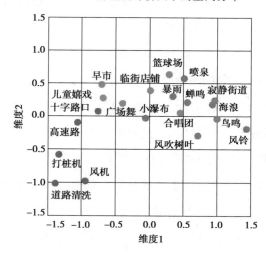

图 6.31　典型声景在主观数据的主成分中的投影

6.3.4　主观评价因子与生理指标之间的关系

本节通过相关分析研究主观评价与生理指标之间的关系,与5.4.3节中的研究内容不同的是,本节的实验中引入了更多的声景刺激。这些声景刺激基本涵盖了城市开放空间中的方方面面。因此,通过对本章中的数据进行相关分析,可以得到主观与生理之间更广泛的趋势。相关分析的结果如表 6.32 和表 6.33 所示,由于数据过多,将生理指标分成了与心电相关的指标和其他指标两部分。

表 6.32　主观评价因子与生理指标之间的相关性(心电部分)

生理指标	心率	R 波幅度	心率变异性	低频	高频	低高比
舒适度	-0.097*	-0.067	0.058	0.013	-0.050	0.059
粗糙度	0.064	0.086*	-0.088*	0.015	0.021	-0.031
愉悦度	-0.090*	-0.044	0.047	0.016	-0.054	0.067
主观响度	0.085*	0.085*	-0.049	-0.029	0.062	-0.078
喜好度	-0.107*	-0.058	0.042	0.025	-0.065	0.082*
熟悉度	0.060	0.067	0.062	-0.074	-0.003	-0.009
主观强度	0.091*	0.047	-0.017	-0.009	0.036	-0.042
混乱度	0.056	0.058	-0.022	-0.042	0.060	-0.076
事件感	0.035	-0.001	0.033	-0.026	-0.015	0.010
兴奋度	-0.081	-0.005	0.037	0.026	-0.047	0.052
协调度	-0.043	0.005	0.058	-0.036	0.030	0.026

注:* 表示相关性显著($p<0.05$);* * 表示相关性非常显著($p<0.01$)。

由表 6.32 和表 6.33 可知,心率与一部分主观评价因子相关,舒适度、愉悦度、喜好度高的声景中心率可能会较低,主观响度和主观强度高的声景中心率可能会较高。α 脑电波和 β 脑电波与主观评价的关系也比较密切。声景中舒适度、愉悦度、喜好度和协调度的升高可以使 α 脑电波升高,主观响度、混乱度

的升高会使 α 脑电波降低。β 脑电波的相关性与之类似,除此之外,β 脑电波还与事件感和兴奋度相关,二者的升高可以使 β 脑电波升高。皮肤电阻与舒适度等 7 个主观评价因子相关。舒适度、愉悦度和喜好度高的声景中,皮肤电阻值较低,而在粗糙度、主观响度、主观强度和混乱度高的声景中,皮肤电阻值较高。此外,上述表中数据的相关性的值依然很低,说明生理指标与主观评价之间的关系仍然是难以相互预测的。

表 6.33　主观评价因子与生理指标之间的相关性(其他部分)

生理指标	α 脑电波	β 脑电波	体表温度	呼吸频率	呼吸深度	皮肤电阻
舒适度	0.106 *	0.089 *	0.048	−0.033	0.003	−0.127 **
粗糙度	−0.065	−0.080	−0.041	0.073	−0.057	0.098 *
愉悦度	0.111 **	0.078	0.009	−0.049	0.023	−0.116 **
主观响度	−0.106 *	−0.113 **	−0.065	0.080 *	−0.001	0.131 **
喜好度	0.125 **	0.105 *	0.031	−0.024	0.023	−0.110 **
熟悉度	0.031	0.037	−0.059	0.013	0.081 *	0.035
主观强度	−0.047	−0.075	−0.050	0.027	0.021	0.121 **
混乱度	−0.085 *	−0.124 **	−0.085 *	0.075	−0.053	0.146 **
事件感	−0.022	0.123 **	0.009	−0.028	0.029	−0.014
兴奋度	0.060	0.083 *	−0.082 *	0.012	−0.035	−0.051
协调度	0.113 **	0.194 **	−0.127 **	−0.033	−0.030	−0.045

注:* 表示相关性显著($p<0.05$);* * 表示相关性非常显著($p<0.01$)。

6.4　声景的声学参数对生理指标的影响

本节通过计算各个声景刺激片段的主要声学参数,研究生理指标与声学参数之间的关系,并尝试通过线性回归模型建立二者之间的关系。

6.4.1　不同声音种类的声学参数

通过 ArtemiS 软件根据实验中的 20 种声景刺激,分别计算出声音的声压级、响度、波动度、粗糙度、尖锐度、语言清晰度和语音干扰度,得到的声学参数如表 6.34 所示,相应的每段声景的频谱图如图 6.32 所示。

表 6.34　实验中各段声景刺激的声学参数

声景类型	声学参数						
	声压级 /dB(A)	响度 /sone	波动度 /vacil	粗糙度 /asper	尖锐度 /acum	语言清晰度 /%	语音干扰度 /dB(A)
临街店铺	72.0	23.0	0.033	2.59	2.33	10.90	63.1
鸟鸣	49.9	4.1	0.006	0.88	1.57	92.40	36.2
广场舞	80.5	40.1	0.062	1.20	3.23	0.37	71.1
儿童嬉戏	77.6	20.2	0.069	2.14	2.69	20.10	63.3
风吹树叶	49.2	5.38	0.005	1.22	2.44	82.50	39.6
小瀑布	76.6	36.3	0.008	3.35	3.67	4.80	69.7
早市	77.7	28.7	0.060	0.53	2.81	7.47	68.5
海浪	72.1	24.3	0.010	2.73	2.97	13.20	64.2
十字路口	69.0	18.2	0.022	2.26	2.55	24.10	59.1
风机	68.9	23.2	0.006	2.44	3.03	15.70	62.0
暴雨	72.9	27.8	0.028	5.37	3.25	7.35	65.6
篮球场	62.5	12.1	0.046	3.42	2.13	39.50	54.1
蝉鸣	57.5	9.86	0.026	1.32	4.02	62.1	45.7
高速路	74.6	24.1	0.007	2.83	2.24	9.65	65.8
风铃	52.7	6.27	0.026	1.23	2.39	72.70	44.2
道路维修	96.2	81.2	0.053	5.51	4.17	0.03	82.5
寂静街道	48.3	5.17	0.017	1.12	1.95	80.30	41.3
合唱团	89.5	57.6	0.037	2.57	2.92	0.20	77.5
道路清洗	78.8	43.2	0.009	3.62	4.52	4.42	71.1
喷泉	75.9	34.5	0.016	3.15	4.41	9.61	68.1

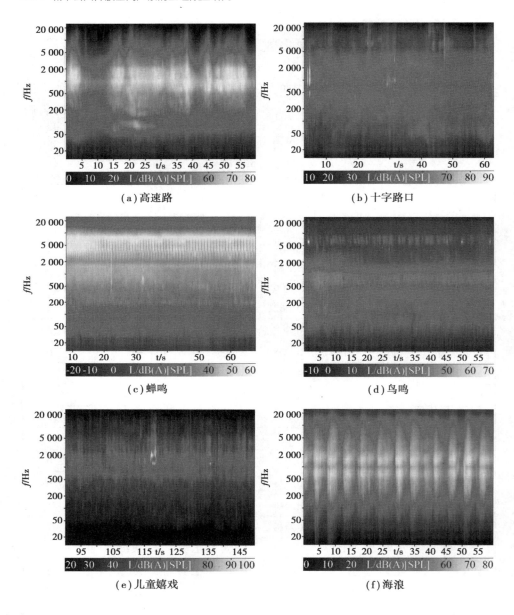

（a）高速路　　　　　　　　　　（b）十字路口

（c）蝉鸣　　　　　　　　　　　（d）鸟鸣

（e）儿童嬉戏　　　　　　　　　（f）海浪

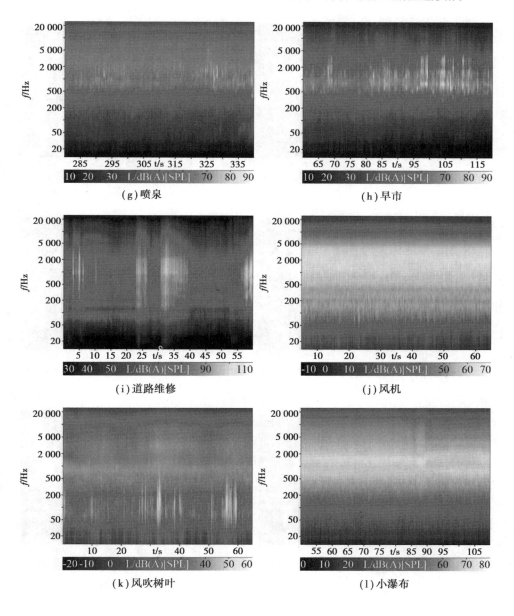

(g) 喷泉

(h) 早市

(i) 道路维修

(j) 风机

(k) 风吹树叶

(l) 小瀑布

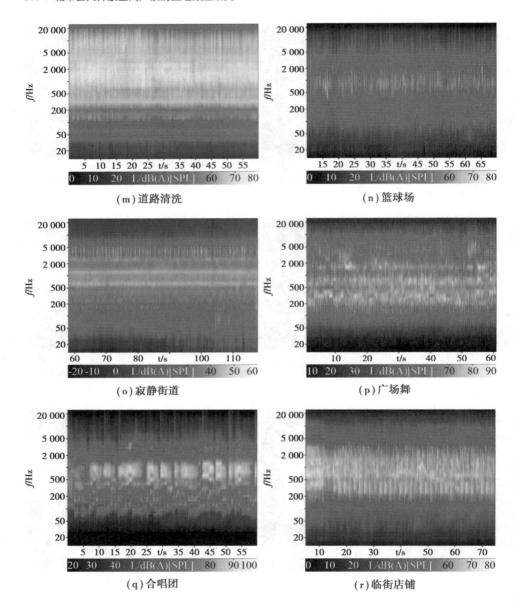

(m)道路清洗

(n)篮球场

(o)寂静街道

(p)广场舞

(q)合唱团

(r)临街店铺

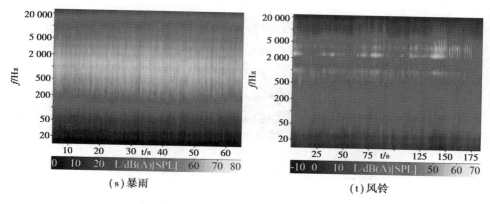

(s) 暴雨　　　　　　　　　　(t) 风铃

图 6.32　不同声景刺激的频谱图

　　由表 6.34 和图 6.32 可知,各种声景之间差异很大,道路维修声的声压级最高,达到了 92 dB(A),而风吹树叶声的声压级最低,只有 49.2 dB(A)。道路维修声的响度也最高,但鸟鸣声的响度比风吹树叶声的响度还低。各个声景在语言清晰度上的差异也很大,比如道路维修声中的语言清晰度只有 0.03%,而鸟鸣声中的语言清晰度可以达到 92.4%。除此之外,并不是所有自然声中的语言清晰度都很高,比如暴雨声中语言清晰度只有 7.35%,而小瀑布声中语言清晰度只有 4.80%。

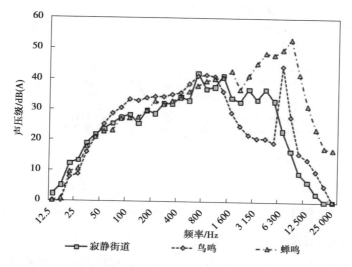

图 6.33　不同生物声的声压级随频率的分布

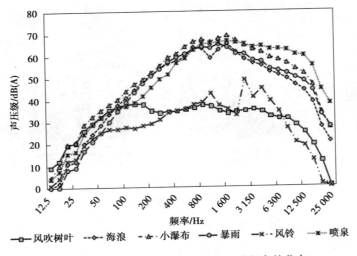

图 6.34　不同地质自然声的声压级随频率的分布

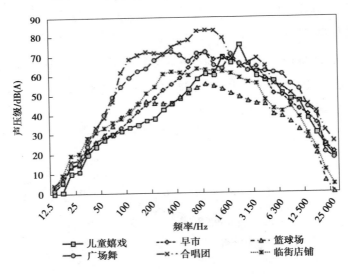

图 6.35　不同人为声的声压级随频率的分布

　　由于如图 3.32 中很难根据频谱随时间的变化比较出两种声景之间的差异,因此为了更加清晰地比较不同类型的声景在频谱上的差异,将同一类型的声音片段的声压级随频率分布图绘制在一张图表中。如图 3.33—图 3.36 所示,分别为各种生物声、地质自然声、人为声和机械声的声压级随频率分布图。

由这些分布图可知,即便在同一个类别中,各个声景片段之间声压级的分布也存在较大差异,这进一步说明了单纯通过声压级大小来对声音进行分类是很难将声景进行合理区分的。

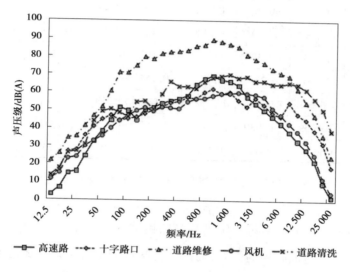

图 6.36　不同机械声的声压级随频率的分布

6.4.2　声学参数与生理指标之间的相关性

根据 6.4.1 节中得到的结果,通过相关分析,研究声学参数与生理指标之间的关系,得到的结果如表 6.35 所示。

表 6.35　声学参数与生理指标的相关性

生理指标	声学参数						
	声压级	响度	波动度	粗糙度	尖锐度	语言清晰度	语音干扰度
心率	0.634**	0.530*	0.249	0.411	0.226	-0.703**	0.649**
R 波幅度	0.724**	0.592**	0.287	0.460*	0.242	-0.773**	0.756**
心率变异性	-0.519*	-0.437	-0.350	-0.217	-0.144	0.521*	-0.503*
低频	-0.199	-0.148	0.080	-0.188	-0.405	0.289	-0.278
高频	0.289	0.238	-0.068	0.247	0.359	-0.287	0.320

续表

生理指标	声学参数						
	声压级	响度	波动度	粗糙度	尖锐度	语言清晰度	语音干扰度
低高比	-0.427	-0.378	0.096	-0.279	-0.438	0.440	-0.466*
α 脑电波	-0.658**	-0.619**	-0.429	-0.425	-0.216	0.583**	-0.630**
β 脑电波	-0.469*	-0.320	-0.260	-0.153	0.111	0.501*	-0.475*
体表温度	0.165	0.253	0.177	-0.157	-0.303	0.016	0.096
呼吸频率	0.636**	0.486*	0.638**	0.444	0.218	-0.688**	0.646**
呼吸深度	-0.039	-0.080	-0.421	-0.187	-0.231	0.024	-0.045
皮肤电阻	0.664**	0.647**	0.078	0.460*	0.521*	-0.733**	0.725**

注:∗表示相关性显著($p<0.05$);∗∗表示相关性非常显著($p<0.01$)。

由表 6.35 可知,心率与声压级等指标相关,声景中声压级、响度和语音干扰度的升高可能造成心率的上升,而语言清晰度的上升可能造成心率的降低。R 波幅度与大部分声学参数相关;声压级、响度、粗糙度和语音干扰度的升高以及语言清晰度的降低都可能导致 R 波幅度的降低。心率变异性只与声压级、语言清晰度和语音干扰度相关。α 脑电波和 β 脑电波都与声压级、语言清晰度和语音干扰度相关。声压级和语音干扰度的升高会引起二者的降低,语言清晰度的升高会引起二者的升高。此外,α 脑电波的相关性普遍比 β 脑电波更大,响度的升高也可能会引起 α 脑电波的降低。呼吸频率与多个声学参数相关,声压级、响度、粗糙度和语音干扰度的升高会引起呼吸频率的升高,语言清晰度的降低会引起呼吸频率的降低。皮肤电阻受除波动度之外的所有声学参数影响,其中,声压级、响度、粗糙度、尖锐度和语音干扰度的升高会引起皮肤电阻值的升高,语言清晰度的升高会引起皮肤电阻值的降低。

6.4.3 声学参数和生理指标之间的线性关系

在本节中通过回归分析研究声音参数对生理指标的具体影响趋势,采用步进法筛选因变量中的声学参数。心率受声学参数影响的模型如表 6.36 所示。

由表 6.36 可知,心率受响度、语言清晰度和语音干扰度的影响是显著的。其中语音干扰度和响度的升高会引起心率的升高,语言清晰度的升高会引起心率的降低。其中,语音干扰度对心率的影响最大,系数达到了 0.561。

表 6.36　心率受声学参数影响的回归模型

系数	未标准化系数		标准化系数	t	显著性
	B	标准错误	Beta		
常量	37.478	13.498	—	2.777	0.006
响度	0.159	0.061	0.600	2.617	0.009
语言清晰度	−0.184	0.061	−1.161	−3.015	0.003
语音干扰度	0.561	0.214	1.457	−2.616	0.009

R 波幅度受声学参数影响的模型如表 6.37 所示。

表 6.37　R 波幅度受声学参数影响的回归模型

系数	未标准化系数		标准化系数	t	显著性
	B	标准错误	Beta		
常量	−4.350	1.480	—	−2.938	0.003
语音干扰度	0.088	0.024	0.151	3.699	<0.001

由表 6.37 可知,R 波幅度只受语音干扰度的影响。其中,语音干扰度的升高导致 R 波幅度升高,但模型中决定系数较小,只有 0.088。

心率变异性受声学参数影响的模型如表 6.38 所示。

表 6.38　心率变异性受声学参数影响的回归模型

系数	未标准化系数		标准化系数	t	显著性
	B	标准错误	Beta		
常量	−17.088	1.715	—	−9.964	<0.001

续表

系数	未标准化系数		标准化系数	t	显著性
	B	标准错误	Beta		
语言清晰度	0.102	0.043	0.098	2.376	0.018

由表 6.38 可知，心率变异性只受语言清晰度的影响显著，语言清晰度的升高可以导致心率变异性的升高，其决定系数为 0.102。

低频受声学参数影响的模型如表 6.39 所示。由表 6.39 可知，低频受声压级、响度、尖锐度、语言清晰度和语音干扰度的影响显著。声压级和响度的升高会引起低频的升高，尖锐度、语言清晰度和语音干扰度的升高会引起低频的降低。

表 6.39　低频受声学参数影响的回归模型

系数	未标准化系数		标准化系数	t	显著性
	B	标准错误	Beta		
常量	191.922	80.604	—	2.381	0.018
声压级	1.046	0.595	0.461	1.760	0.079
响度	0.898	0.359	0.574	2.505	0.012
尖锐度	−3.841	1.908	−0.109	−2.013	0.045
语言清晰度	−0.908	0.375	−0.948	−2.420	0.016
语音干扰度	−4.329	1.536	−1.875	−2.818	0.005

高频受声学参数影响的模型如表 6.40 所示。

表 6.40　高频受声学参数影响的回归模型

系数	未标准化系数		标准化系数	t	显著性
	B	标准错误	Beta		
常量	−736.214	223.157	—	−3.299	0.001

续表

系数	未标准化系数		标准化系数	t	显著性
	B	标准错误	Beta		
响度	−3.287	0.988	−0.800	−3.326	0.001
波动度	−352.281	169.863	−0.098	−2.074	0.039
尖锐度	8.412	5.009	0.091	1.679	0.094
语言清晰度	3.291	1.012	1.309	3.252	0.001
语音干扰度	12.341	3.586	2.035	3.442	0.001

如表 6.40 所示,高频受到的响度、波动度、尖锐度、语言清晰度和语音干扰度的影响都是显著的。其中,尖锐度、语言清晰度和语音干扰度的升高会引起高频的升高,响度和波动度的升高会引起高频的降低。表 6.41 为低高比受声学参数影响的模型。

表 6.41　低高比受声学参数影响的回归模型

系数	未标准化系数		标准化系数	t	显著性
	B	标准错误	Beta		
常量	1 154.307	524.955	—	−2.199	0.028
响度	−4.933	2.277	−0.490	−2.166	0.031
波动度	1 015.097	414.439	−0.114	−2.449	0.015
语言清晰度	−5.253	2.411	0.842	2.179	0.030
语音干扰度	20.758	8.571	1.384	2.422	0.016

由表 6.41 可知,低高比受到的响度、波动度、语言清晰度和语音干扰度的影响是显著的。其中,响度和波动度的上升导致低高比降低,语言清晰度和语音干扰度的上升导致低高比上升。α 脑电波受声学参数影响的模型如表 6.42 所示。

表6.42　α脑电波受声学参数影响的回归模型

系数	未标准化系数		标准化系数	t	显著性
	B	标准错误	Beta		
常量	2.555	2.416	—	1.057	0.291
尖锐度	1.773	0.698	0.125	2.538	0.011
语音干扰度	−0.140	0.046	−0.152	−3.082	0.002

由表6.42可知，α脑电波受到的尖锐度和语音干扰度的影响是显著的。其中，尖锐度的升高和语音干扰度的降低可以引起α脑电波的升高。

β脑电波受声学参数影响的模型如表6.43所示。

表6.43　β脑电波受声学参数影响的回归模型

系数	未标准化系数		标准化系数	t	显著性
	B	标准错误	Beta		
常量	0.806	1.167	—	0.691	0.490
响度	−0.100	0.037	−0.113	−2.751	0.006

由表6.43可知，β脑电波只受响度的影响。其中，声景中响度的降低可以引起β脑电波的升高。

体表温度受声学参数影响的模型如表6.44所示。

表6.44　体表温度受声学参数影响的回归模型

系数	未标准化系数		标准化系数	t	显著性
	B	标准错误	Beta		
常量	0.913	0.168	—	5.435	<0.001
响度	0.006	0.003	0.108	2.082	0.038
尖锐度	−0.138	0.067	−0.108	−2.076	0.038

由表 6.44 可知,体表温度受响度和尖锐度的影响显著。其中,响度的升高和尖锐度的降低可以引起体表温度的升高。

呼吸频率受声学参数影响的模型如表 6.45 所示。

表 6.45　呼吸频率受声学参数影响的回归模型

系数	未标准化系数		标准化系数	t	显著性
	B	标准错误	Beta		
常量	11.422	2.947	—	3.876	<0.001
波动度	123.042	69.398	0.075	1.773	0.077
语言清晰度	−0.089	0.048	−0.078	−1.844	0.066

由表 6.45 可知,呼吸频率受波动度和语言清晰度的影响显著。波动度的升高和语言清晰度的降低可以引起呼吸频率的升高。

呼吸深度受声学参数影响的模型如表 6.46 所示。

表 6.46　呼吸深度受声学参数影响的回归模型

系数	未标准化系数		标准化系数	t	显著性
	B	标准错误	Beta		
常量	−8.757	6.823	—	−1.283	0.200
声压级	0.208	0.126	0.091	1.650	0.100
波动度	−149.838	65.000	−0.108	−2.305	0.021
尖锐度	−2.920	1.772	−0.082	−1.648	0.100

由表 6.46 可知,呼吸深度受声压级、波动度和尖锐度的影响显著。声景的声压级的升高可以使呼吸深度升高,波动度和尖锐度的升高可以使呼吸深度降低。

皮肤电阻受声学参数影响的模型如表 6.47 所示。

表 6.47　皮肤电阻受声学参数影响的回归模型

系数	未标准化系数		标准化系数	t	显著性
	B	标准错误	Beta		
常量	29.706	2.414	—	12.305	<0.001
语言清晰度	-0.198	0.061	-0.130	-3.242	0.001

由表 6.47 可知,皮肤电阻只受语言清晰度的影响显著,声景中语言清晰度的升高可以导致皮肤电阻值降低。

综上所述,生理指标一般受语言清晰度、语音干扰度和响度的影响显著。这说明采用语言清晰度、语音干扰度和响度的相关计算方法,有可能预测出群体在声景中的生理状态。

6.5　城市公共开放空间中声景的生理变化趋势及声景设计建议

以下根据本章前几节的研究结论,对城市公共开放空间中声景的生理变化趋势进行总结,并根据总结出的规律,提出关于声景设计的建议。

6.5.1　典型声景对生理指标的影响趋势

一方面,在本章的 6.2.2 节中研究了经验分类对生理指标的影响。结果表明,对于城市公共开放空间中多样的声景样本来说,单纯以声景类型对其进行分类,难以区分出声景对生理反应的具体变化趋势。也就是说,很难通过常见的声景分类标准对生理效应也进行分类。声景类型与生理效应之间不存在明确的对应关系。

另一方面,本章通过主成分分类的方法,讨论了在生理层面上城市公共开放空间中声景的分类情况。如果以生理指标作为评价标准,对声景可以两种生理维度进行分类。第一维度是以地质自然声和噪声为分类标准,生理上人们在自然场景中比在噪声场景中感觉更为舒适。第二维度是以声景中声音的复杂程度和可预测程度为分类标准,所处的声景中声源越简单,可预测人们在生理上越舒适,而人们在声源复杂、难以预测的场景中更为不舒适。这一维度主要体现在能够反映交感神经和副交感神经活性的生理指标上。因此,本书建议在常用的声景分类标准中也纳入声源可预测性作为声景的分类维度。

6.5.2　声学参数对生理指标的影响趋势

声学参数是城市声环境控制以及声景设计中的基础设计要素,无论是声景研究理论还是声景设计方法,最终都需要以实际的声学参数作为控制标准。因此,在讨论声景的生理效应时,就必须讨论生理指标是如何受声景中的实际声学参数影响的。在本章的 6.4 节中,详细研究了声学参数和生理指标之间的关系。然而,本章的研究表明,声景中的实际声学参数与生理指标之间的关系相对较弱,这是因为人们对声景的感受是受多方面因素影响的。例如,人们对声景的经验认知、声景中的视觉及其他感官因素的影响,以及个体的实际生理状态,这些因素都在影响着人们对声环境的感知。

虽然声学参数的影响并不是绝对的,但这些声学指标确实也会对声景带来的生理舒适性造成一定的影响。声压级、响度、语言清晰度和语音干扰度都是对生理指标影响显著的声学参数。这表明,在声景中对这些声学参数进行控制可以进而达到改善生理反应的作用。然而,6.4.3 节的研究结果表明,声学参数和生理指标之间的线性关系并不明确,通过声学参数还不能够对生理指标进行预测,因为目前线性模型对生理指标的解释程度还很弱。这表明声学参数和声景的生理反应之间可能存在着更复杂的关系。

总体上,虽然声景的生理反应与主观评价、客观声学参数之间的关系都比较弱,但是生理效应的趋势和主观评价、客观声学参数的趋势在大体上是同步的。其中,生理上感觉舒适的声景在主观评价上往往也比较优质。声学参数较好的声景中,比如声压级较低、语言清晰度较高的声景,生理指标也往往偏于舒适。然而,声景的生理效应与主观评价、客观声学参数之间并不完全有线性上的一一对应关系,本书第4—6章的研究结论中,都发现了生理反应与主观评价、客观声学参数不一致的现象。这些不一致性应当在城市公共开放空间的声景设计中被重点关注。

6.5.3 声景的生理效应影响趋势总结以及在声景设计上的建议

对本书第2—6章中通过实验分析得出的生理效应进行归纳和总结,得出城市公共开放空间中生理效应的影响因素,如图6.37所示。其中,时域因素、多感官因素和频域因素分别为第3、第4、第5章的内容。在此基础上,针对城市公共开放空间中的声景设计提出以下3个方面的建议。

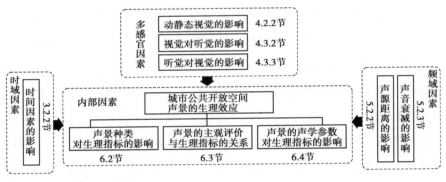

图 6.37　城市公共开放空间中声景生理效应的影响因素

①在环境的整体控制上。对城市公共开放空间的设计应当同时考虑视觉因素和听觉因素,避免出现声音和视觉刺激不一致的情况;在设计供市民休闲放松的空间时,应注意安静空间与喧闹空间的分离,并在安静空间中设计更多的静态视觉场景;对于公园、广场等城市景观,应当注意入口处的声环境设计,因为人们对场景的生理感受是先入为主的。

②在声学参数的控制上。为达到生理上的舒适,在降低整体声压级的同时,也应当尽可能屏蔽声景中的低频成分;注意提高声环境中的语言清晰度并降低声压级和响度,以达到生理上的舒适。

③在声景质量的评估上。生理指标与主观评价之间虽然大体上同步,但生理指标更能反映对声音的实际感受。因此,建议在制定声景质量评价标准时,纳入生理指标作为主观评价指标的补充,以便更好地反映声景质量与健康、舒适之间的关系。

6.6　本章小结

本章通过对 20 种声景的生理指标进行采集,结合主观恢复性问卷研究了不同声景类型对生理指标和主观评价的影响;用生理指标和主观评价的数据对声景进行分类,并探求了声景的生理指标与声学参数之间的关系。得到的主要结论如下:

①声景类型对大多数生理指标的影响不显著,只有在心率、α 脑电波以及皮肤电阻的数据中可以观察到不同类型的声景之间的差异。以生物声和地质自然声为主导声源的声景可以给人带来生理上的舒适,生物声和地质自然声之间也存在差异,生物声往往更能令人放松。此外,对以人为声和机械声为主导声源的声景进行分类也是有意义的,以机械声为主导声源的声景往往使人更加不舒适。

②声景类型对所有主观评价因子的影响都是显著的,4 种声景类型彼此间在大多数主观评价因子中都存在显著差异。在 4 种声景类型中,生物声往往比地质自然声更令人喜爱,机械声比人为声更令人厌恶。此外,人们对人为声构成的声景更加熟悉。

③生理指标的二维模型中,α 脑电波、心率变异性、皮肤电阻、呼吸频率、心率和 R 波幅度构成了第一维度的主要成分,低频和呼吸深度构成了第二维度的主要成分。第一维度与人在声景中的放松程度相关,而第二维度与声景的可预测性和规律性相关。

④主观评价的二维模型中,维度 1 的正轴主要由舒适度、愉悦度、喜好度和

事件感构成,负轴主要由主观响度、主观强度、混乱度和粗糙度构成;而维度 2 的正轴主要是由熟悉度构成。兴奋度和协调度都在第一象限中,对维度 1 和维度 2 都有正向的贡献。

⑤声景的声学参数和生理指标之间存在相关性,生理指标一般受语言清晰度、语音干扰度和响度的影响显著。采用语言清晰度、语音干扰度和响度有可能预测出群体在声景中的生理状态。

此外,对第 2—6 章中通过实验分析得出的生理效应进行了总结,并在此基础上,对城市公共开放空间中的声景设计提出了建议,并且建议在进行声景质量评价时加入生理指标的测量作为主观评价的补充。

第7章　结论与展望

　　本书从生理角度出发,分析了人们对城市公共开放空间中声景的感受,通过对城市公共开放空间中的典型声景片段的生理指标进行测量,进而研究生理信号对声景的敏感程度,并探究声景对生理指标的具体影响趋势。首先,本书对实验室中的生理效应研究方法进行了研究,明确了声景的生理效应研究中需要的生理指标以及实验流程。其次,分别研究了声景中的时间因素、视听交互作用和声音频谱对生理指标的影响。再次,通过对城市公共开放空间中的典型声景的生理指标的分析,揭示了声景类型对生理指标的影响、生理指标与主观评价因子之间的关系以及客观声学参数对生理指标的影响趋势。最后,根据研究结果总结出生理效应规律,并对城市公共开放空间中的声景设计及声环境控制提出设计建议。本书最终的主要结论如下。

　　①采用重复测量方差分析,建立了生理指标受时间和声景类型影响的方差模型,研究了时间因素对生理指标的影响。结果表明,除了 α 脑电波外的其他生理指标都会随时间发生变化,用 1 min 来观测各项生理指标可以更好地观察到效应;同时,研究了各个生理指标所受声景类型的影响,发现低频、高频、低高比和体表温度不被声景类型影响。自然声和噪声之间的差异明显,自然声会带给人更低的心率、呼吸频率和呼吸深度,以及更高的 R 波幅度、心率变异性、α 脑电波和 β 脑电波。此外,通过对主观恢复性问卷的数据进行因子分析降维,得到了恢复性因子,并研究了生理指标与主观评价之间的关系。结果表明,生理数据与主观恢复性问卷之间存在显著的相关性,在 1 min 时相关性最大。

②通过研究视听交互下的声景生理指标与主观恢复性的变化趋势,揭示了视觉对听觉和听觉对视觉在生理指标上的影响,并分析了动态视觉与静态视觉在声景呈现上的心理与生理差异。在声景类型方面,鸟鸣声景和海浪声景的恢复性很高,鸟鸣声景的恢复性要高于海浪声景的恢复性;交通声景的主观恢复性要比街道声景更低。而声景类型对生理指标的影响只在心率和呼吸频率上是显著的。在环境中加入视觉因素后,视觉会对声音感知造成影响:视觉的加入使心率、心率变异性、高频、α 脑电波和体表温度降低,同时使低频、低高比、β脑电波和皮肤电阻值升高;环境中加入声音后,会显著影响人在纯视觉场景中的大部分生理指标:声音的加入会使心率变异性、高频、体表温度、呼吸深度下降,使得低频、低高比、呼吸频率和皮肤电阻值上升。动态视觉与静态视觉呈现的声景在部分生理指标上存在显著差异:动态视觉的心率变异性、高频和体表温度相比静态视觉的生理指标更低,而低频、低高比和皮肤电阻值更高。动态视觉与静态视觉呈现的声景在主观恢复性上的差异较小,动态视觉的引离性要低于静态视觉的;静态视觉对迷人性的作用更大,静态图片可以使迷人性高的声景变得更迷人,而使迷人性低的声景作用变得更加消极。

③通过 3 种衰减方式呈现海浪声与交通声,研究了声景的声源距离和声音衰减方式对生理指标以及主观评价的影响。声源距离的变化会对一部分生理指标造成影响:近处的声景会比远处的声景带给人们更高的心率、R 波幅度、心率变异性、呼吸频率以及皮肤电阻值;衰减方式也会对一部分生理指标造成影响:人们在真实衰减的声景中比在人工衰减的声景中的 R 波幅度、高频、α 脑电波、β 脑电波更低,皮肤电阻值更高;声源距离影响大部分主观评价因子:人们觉得远处声景的舒适度与喜好度更高,粗糙度、混乱度和主观强度更低;衰减方式对主观评价因子的影响比较小:真实衰减的交通声的舒适度、愉悦度的评价更高,混乱度的评价更低;在真实衰减的海浪声中,只有主观强度在评价上比人工衰减的低;生理指标与主观评价在部分参数上存在弱相关。

④通过对 20 种典型声景的生理指标进行采集,并结合主观恢复性问卷研

究了不同声景类型对生理指标和主观评价的影响,分析了生理指标与声学参数之间的关系。通过生理指标和主观评价的数据对声景进行分类,并探求了声景的生理指标与声学参数之间的关系:声景类型对心率、α 脑电波以及皮肤电阻之外的生理指标的影响不显著。生物声和地质自然声构成的声景可以给人带来生理上的舒适,机械声构成的声景往往使人更加不舒适;声景类型对所有主观评价因子的影响都是显著的。4 种声景类型在大多数主观评价因子中,彼此间都存在显著差异:生物声往往比地质自然声更受人欢迎;机械声比人为声更令人厌恶;人们对人为声构成的声景更加熟悉。在生理指标的二维模型中,α脑电波、心率变异性、皮肤电阻、呼吸频率、心率和 R 波幅度构成了第一维度的主要成分;低频和呼吸深度构成了第二维度的主要成分。第一维度与人在声景中的放松程度相关,而第二维度与声景的可预测性和规律性相关;在主观评价的二维模型中:维度 1 的正轴主要由舒适度、愉悦度、喜好度和事件感构成,负轴主要由主观响度、主观强度、混乱度和粗糙度构成;维度 2 的正轴主要由熟悉度构成;兴奋度和协调度对两个维度都有正向的贡献。声景的声学参数和生理指标之间存在相关性,生理指标一般受语言清晰度、语音干扰度和响度的影响显著,采用语言清晰度、语音干扰度和响度有可能预测出人在声景中的生理状态。

综上所述,本书取得的创新性研究成果如下:

①揭示了生理指标受时间和声景类型的影响规律。

②揭示了声景中视听交互对生理效应的影响规律。

③揭示了声源距离和声音衰减方式对生理指标以及主观评价的影响规律。

④揭示了生理指标与主观评价和客观声学参数之间的关系。

在未来的研究工作中,可从以下 3 个方面进一步深入开展:

①本书实验中研究的生理效应是以刺激锁定的方式进行的,被试在实验室中需想象自己融入所呈现的环境。但实际情况中,人们在城市公共开放空间里可能会同时进行多种活动,所处的空间很可能不是他们最终的目的地。也就是

说，人们并不一定会刻意去感知声景。声景中的很多因素在这种情况下可能会被忽视，人们的生理反应也可能会随之改变。因此，在后续研究中，需要通过任务设计，研究人在不同环境背景下的生理反应。

②实验中的声景都以 1 min 作为呈现时间，虽然这样设计可以更好地观测到生理指标的趋势，但在实际的环境中人的听觉感受是从来不会停止的，声音以复杂的声音序列的形式不断地刺激着人耳，生理指标也会不断地进行反馈。因此，在后续的研究中，需要进行更长时间、更为随机的声景刺激，来研究人在复杂声景中的生理变化。

③虽然在分析中找到了生理指标和主观评价以及生理指标和声学参数之间的关系，但得出的相关性都是十分微弱的。在后续研究中，需要以大数据的形式，以更加智能的模型来分析生理指标与主观评价或声学参数之间的关系。此外，本书实验中的大部分被试为在校本科生或研究生，并且在实验设计中有意识地忽略了性别等因素。在今后的大规模人群分析中，也应当考虑不同类型的人群，考虑如性别和年龄等因素对生理指标的影响。

参考文献

［1］GU C. Urbanization：Processes and Driving Forces. Science［J］. China Earth
　　Sciences,2019, 62(9):1351-1360.

［2］李敏,叶昌东.高密度城市的门槛标准及全球分布特征［J］.世界地理研究,
　　2015,24(1):38-45.

［3］NG E. Policies and Technical Guidelines for Urban Planning of High-density
　　Cities-Air Ventilation Assessment（AVA）of Hong Kong［J］. Building and
　　Environment, 2009,44(7):1478-1488.

［4］孙丽.高密度城市影响下的城市公园景观设计研究［D］.南京:南京林业大
　　学,2016.

［5］吴恩融.高密度城市设计:实现社会与环境的可持续发展［M］.叶齐茂,倪
　　晓晖,译.北京:中国建筑工业出版社,2013.

［6］GROSSMAN M. On the Concept of Health Capital and the Demand for Health
　　［J］. Journal of Political Economy,1972,80(2):223-255.

［7］张琳.我国中老年人健康需求实证研究——基于性别和城乡的分析［J］.财
　　经问题研究,2012(11):100-105.

［8］李海超,李颖琰,王爱英,等.利用有序 Probit 模型进行健康需求分析［J］.
　　中国组织工程研究与临床康复,2008,12(11):2157-2160.

［9］马祖琦.欧洲"健康城市"研究评述［J］.城市问题,2007(5):92-95.

［10］马克思.1844 年经济学哲学手稿［M］.中共中央马克思恩格斯列宁斯大林

著作编译局,编译.北京:人民出版社,2018.

[11] 秦佑国.声景学的范畴[J].建筑学报,2005(1):45-46.

[12] SCHAFER R M. The Soundscape:Our Sonic Environment and the Tuning of the World[M]. New York:Simon and Schuster,1993.

[13] 康健.声景:现状及前景[J].新建筑,2014(5):4-7.

[14] KANG J. Soundscape in city and built environment:Current developments and design potentials[J]. City and Built Environment, 2023, 1(1): 1.

[15] RAIMBAULT M,LAVANDIER C,BÉRENGIER M. Ambient Sound Assessment of Urban Environments:Field Studies in Two French Cities [J]. Applied Acoustics, 2003, 64(12):1241-1256.

[16] PHEASANT R,HOROSHENKOV K,WATTS G,et al. The Acoustic and Visual Factors Influencing the Construction of Tranquil Space in Urban and Rural Environments Tranquil Spaces-quiet Places? [J]. Journal of the Acoustical Society of America,2008,123(3):1446-1457.

[17] WILLIAM J D A,MAHNKEN P Z,GAMBLE P,et al. Measuring and Mapping Soundscape Speech Intelligibility[J]. Information Retrieval, 2009, 17(2): 109-136.

[18] WOLOSZYN P,LEDUC T. Urban Soundmarks Psychophysical Geodimensioning: Towards Ambient Pointers Geosystemic Computation [J]. Journal of Service Science and Management,2010,3(4):429-439.

[19] AXELSSONÖ,NILSSON M E,BERGLUND B. A Principal Components Model of Soundscape Perception [J]. The Journal of the Acoustical Society of America, 2010,128(5):2836-2846.

[20] DAVIES W J,ADAMS M D,BRUCE N S, et al. Perception of Soundscapes: An Interdisciplinary Approach[J]. Applied Acoustics,2013,74(2):224-231.

[21] 郭敏.江南园林声景主观评价及设计策略[D].杭州:浙江大学,2014.

［22］于博雅. 城市商业街声景观研究［D］. 天津:天津大学,2017.

［23］任欣欣. 视听交互作用下的乡村声景研究［D］. 哈尔滨:哈尔滨工业大学,2016.

［24］孟琪. 地下商业街的声景研究与预测［D］. 哈尔滨:哈尔滨工业大学,2010.

［25］DAIBER A, KRÖLLER-SCHÖN S, FRENIS K, et al. Environmental Noise Induces the Release of Stress Hormones and Inflammatory Signaling Molecules Leading to Oxidative Stress and Vascular Dysfunction—Signatures of the Internal Exposome［J］. Biofactors,2019,45(4):495-506.

［26］THACHER J D, ROSWALL N, DAMM P, et al. Transportation noise and gestational diabetes mellitus:A nationwide cohort study from Denmark［J］. International Journal of Hygiene and Environmental Health, 2021, 231:113652.

［27］GRANDJEAN E,GRAF P,LAUBER A,et al. Survey on the Effects of Aircraft Noise around Three Civil Airports in Switzerland［C］//Inter-noise,Washington D. C. :Institute of Noise Control Engineers,1976:85-90.

［28］KRÖLLER-SCHÖN S,DAIBER A,STEVEN S,et al. Crucial Role for Nox2 and Sleep Deprivation in Aircraft Noise-induced Vascular and Cerebral Oxidative Stress, Inflammation, and Gene Regulation［J］. European Heart Journal, 2018,39(38):3528-3539.

［29］SMITH H G. Effects of Jet Aircraft Noise on Mental Hospital Admissions［J］. British Journal of Audiology,1977,11(3):81-85.

［30］JENKINS L, TARNOPOLSKY A, HAND D. Psychiatric Admissions and Aircraft Noise from London Airport:Four-year, Three-hospitals' Study［J］. Psychological Medicine,1981,11(4):765-782.

［31］BERGOMI M,ROVESTI S,VIVOLI G. Biological Response to Noise and Other Physical Stressors in Places of Entertainment［J］. Public Health Reviews,

1991,19(1-4):263-275.

[32] 朱建全,汪国海,唐红艳,等.噪声对作业工人心血管系统及血脂的影响
[J].职业与健康,2013,29(17):2136-2138.

[33] 张一辉.噪声对心脏植物神经功能的影响[J].中国行为医学科学,1998,7
(3):209-210.

[34] 李娜,曹艺宸,谢秀平,等.噪声对工人听力和心血管影响的调查[J].工业
卫生与职业病,2020,46(6):454-456,460.

[35] 孙丙坤,陈应召,陈庚辰.纺织噪声对女工生殖机能的影响[J].职业与健
康,2007,23(3):169-170.

[36] 刘同想,廖忠友,卢斯科,等.连续噪声对心理行为及血压的影响[J].中国
行为医学科学,1995,4(4):205-206,222.

[37] 付聪.临街建筑室内环境噪声对人体生理参数影响研究[D].重庆:重庆大
学,2005.

[38] 谢辉.临街建筑声环境对人体生理参数的影响研究[D].重庆:重庆大
学,2006.

[39] 王娇琳.环境噪声应激对人体生理心理影响的实验室研究[D].重庆:重庆
大学,2006.

[40] BRADLEY M M, LANG P J. Affective Reactions to Acoustic Stimuli [J].
Psychophysiology,2000,37(2):204-215.

[41] SHEPHERD D, HAUTUS M J, LEE S Y, et al. Electrophysiological
Approaches to Noise Sensitivity [J]. Journal of Clinical and Experimental
Neuropsychology, 2016,38(8):900-912.

[42] CHUEN L, SEARS D, MCADAMS S. Psychophysiological Responses to
Auditory Change[J]. Psychophysiology,2016,53(6):891-904.

[43] KEN H,MUJTHABA A. Physiological Responses to and Subjective Estimates
of Soundscape Elements[J]. Applied Acoustics,2013(74):275-281.

［44］ ORINI M，BAILÓN R，ENK R，et al. A Method for Continuously Assessing the Autonomic Responseto Music-induced Emotions through HRV Analysis［J］. Medical and Biological Engineering and Computing，2010，48（5）：423-433.

［45］ BLOOD A J, ZATORRE R J. Intensely Pleasurable Responses to Music Correlate with Activity in Brain Regions Implicated in Reward and Emotion ［J］. Proceedings of the National Academy of Sciences, 2001, 98（20）: 11818-11823.

［46］ SCHMIDT L A, TRAINOR L J. Frontal Brain Electrical Activity（EEG）Distinguishes Valence Andintensity of Musical Emotions［J］. Cognition and Emotion,2001,15:487-500.

［47］ SAMMLER D, GRIGUTSCH M, FRITZ T, et al. Music and Emotion: Electrophysiological Correlatesof the Processing of Pleasant and Unpleasant Music［J］. Psychophysiology,2007,44:293-304.

［48］ LI Z G,DI G Q,JIA L. Relationship Between Electroencephalogram Variation and Subjective Annoyance under Noise Exposure［J］. Applied Acoustics, 2014,75:37-42.

［49］ DI G Q,WU S X. Emotion Recognition From Sound Stimuli Based on Back-propagation Neural Networks and Electroencephalograms［J］. The Journal of the Acoustical Society of America,2015,138（2）:994-1002.

［50］ 张露,焦学军,高翔,等. Beta 频段双耳差频声刺激对大脑生理状态的影响 ［J］. 载人航天,2016, 22（2）:254-261.

［51］ ÖHRSTRÖM E,SKÅNBERG A,SVENSSON H,et al. Effects of Road Traffic Noise and the Benefit of Access to Quietness［J］. Journal of Sound and Vibration,2006, 295（1-2）:40-59.

［52］ BOOI H, VAN DEN BERG F. Quiet Areas and the Need for Quietness in Amsterdam［J］. International Journal of Environmental Research and Public

Health,2012,9(4):1030-1050.

[53] SHEPHERD D,WELCH D,DIRKS K N,et al. Do Quiet Areas Afford Greater Health-related Quality of Life Than Noisy Areas? [J]. International Journal of Environmental Research and Public Health,2013,10(4):1284-1303.

[54] ALETTA F, OBERMAN T, KANG J. Associations Between Positive Health-related Effects and Soundscapes Perceptual Constructs:A Systematic Review [J]. International Journal of Environmental Research and Public Ealth,2018, 15(11):2392.

[55] LENC T,KELLER P E,VARLET M,et al. Neural Tracking of the Musical Beat is Enhanced by Low-frequency Sounds [J]. Proceedings of the National Academy of Sciences,2018,115(32):8221-8226.

[56] RÖHL M,UPPENKAMP S. Neural Coding of Sound Intensity and Loudness in the Human Auditory System[J]. Journal of the Association for Research in Otolaryngology,2012,13(3):369-379.

[57] UPPENKAMP S, RÖHL M. Human Auditory Neuroimaging of Intensity and Loudness[J]. Hearing Research,2014,307:65-73.

[58] ALLEN E J,BURTON P C,OLMAN C A,et al. Representations of Pitch and Timbre Variation in Human Auditory Cortex [J]. Journal of Neuroscience, 2017,37(5):1284-1293.

[59] OCEÁK A, WINKLER I, SUSSMAN E, et al. Loudness Summation and the Mismatch Negativity Event-Related Brain Potential in Humans [J]. Psychophysiology,2006,43(1):13-20.

[60] SOUTHWELL R, CHAIT M. Enhanced Deviant Responses in Patterned Relative to Random Sound Sequences[J]. Cortex,2018,109:92-103.

[61] CAMPBELL T, BEAMAN C P, BERRY D C. Auditory Memory and the Irrelevant Sound Effect:Further Evidence for Changing-state Disruption[J].

Memory,2002,10(3):199-214.

[62] NÄÄTÄNEN R, RINNE T. Electric Brain Response to Sound Repetition in Humans:an Index of Long-term-memory-trace Formation? [J]. Neuroscience Letters, 2002,318(1):49-51.

[63] LEWIS J W, TALKINGTON W J, TALLAKSEN K C, et al. Auditory Object Salience:Human Cortical Processing of Non-biological Action Sounds and Their Acoustic Signal Attributes[J]. Frontiers in Systems Neuroscience,2012, 6:27.

[64] ZHAO S, CHAIT M, DICK F, et al. Pupil-linked Phasic Arousal Evoked by Violation But Not Emergence of Regularity Within Rapid Sound Sequences [J]. Nature Communications,2019,10(1):1-16.

[65] HUANG N, ELHILALI M. Auditory Salience Using Natural Soundscapes[J]. The Journal of the Acoustical Society of America,2017,141(3):2163-2176.

[66] KAYA E M, ELHILALI M. Modelling Auditory Attention[J]. Philosophical Transactions of the Royal Society B: Biological Sciences, 2017, 372 (1714):20160101.

[67] KAYA E M, ELHILALI M. Investigating Bottom-up Auditory Attention[J]. Frontiers in Human Neuroscience,2014(8):327.

[68] 李强. 脑电-核磁融合方法在听觉研究中的应用[D]. 重庆:西南大学, 2019.

[69] 李洪伟. 音乐情感的脑电信号分析技术及神经机制研究[D]. 哈尔滨:哈尔滨工业大学,2018.

[70] KAPLAN R, KAPLAN S. The Experience of Nature: A Psychological Perspective[M]. Cambridge:Cambridge University Press,1989.

[71] ULRICH R S, SIMONS R F, LOSITO B D, et al. Stress Recovery During Exposure to Natural and Urban Environments[J]. Journal of Environmental

Psychology,1991,11(3):201-230.

[72] HARTIG T,KORPELA K,EVANS G W,et al.Validation of a Measure of Perceived Environmental Restrativeness[M]. Goteborg:University of Goteborg,1996.

[73] LAUMANN K, GÄRLING T, STORMARK K M. Rating Scale Measures of Restorative Components of Environments [J]. Journal of Environmental Psychology,2001,21(1):31-44.

[74] HERZOG T R, MAGUIRE P, NEBEL M B. Assessing the Restorative Components of Environments[J]. Journal of Environmental Psychology,2003, 23(2):159-170.

[75] PAYNE S R. The Production of a Perceived Restorativeness Soundscape Scale [J]. Applied Acoustics,2013,74(2):255-263.

[76] MEDVEDEV O,SHEPHERD D,HAUTUS M J. The Restorative Potential of Soundscapes:A Physiological Investigation[J]. Applied Acoustics,2015,96: 20-26.

[77] ALVARSSON J J,WIENS S,NILSSON M E. Stress Recovery During Exposure to Nature Sound and Environmental Noise [J]. International Journal of Environmental Research and Public Health,2010,7(3):1036-1046.

[78] ANNERSTEDT M,JÖNSSON P,WALLERGÅRD M,et al. Inducing Physiological Stress Recovery with Sounds of Nature in a Virtual Reality Forest—Results From a Pilot Study[J]. Physiology and Behavior,2013,118:240-250.

[79] IRWIN A,HALL D A,PETERS A, et al. Listening to Urban Soundscapes: Physiological Validity of Perceptual Dimensions[J]. Psychophysiology,2011, 48(2):258-268.

[80] ERFANIAN M, MITCHELL A J, KANG J, et al. The Psychophysiological Implications of Soundscape:A Systematic Review of Empirical Literature and a Research Agenda[J]. International Journal of Environmental Research and

Public Health,2019,16(19):3533.

[81] 康健,马蕙,谢辉,等. 健康建筑声环境研究进展[J]. 科学通报,2020,65(4):288-299.

[82] 张圆. 城市公共开放空间声景的恢复性效应研究[D]. 哈尔滨:哈尔滨工业大学,2016.

[83] 张圆. 城市开放空间声景恢复性效益及声环境品质提升策略研究[J]. 新建筑,2014(5):18-21.

[84] 张兰,马蕙. 环境噪声对儿童短时记忆力和注意力的影响[J]. 声学学报,2018,43(2):246-252.

[85] 谢辉,邓智骁. 基于循证设计的综合医院病房声环境研究——以宜宾市第二人民医院为例[J]. 建筑学报,2017(9):98-102.

[86] ISO 12913-1. Acoustics-Soundscape-Part 1:Definition and Conceptual Framework [S]. Geneva:International Organisation for Standardization,2014.

[87] 康健,杨威. 城市公共开放空间中的声景[J]. 世界建筑,2002(6):76-79.

[88] KANG J,ALETTA F,GJESTLAND T T,et al. Ten Questions on the Soundscapes of the Built Environment[J]. Building and Environment,2016,108:284-294.

[89] BA M, KANG J, LI Z. The Effects of Sounds and Food Odour on Crowd Behaviours in Urban Public Open Spaces[J]. Building and Environment,2020,182:107104.

[90] BA M,KANG J. A Laboratory Study of the Sound-Odour Interaction in Urban Environments[J]. Building and Environment,2019,147:314-326.

[91] SCHAFER R M. Dwelling,Place and Environment [M]. Dordrecht:Springer,1985:87-98.

[92] FARINA A. Soundscape Ecology:Principles,Patterns,Methods and Applications [M]. Berlin:Springer Science and Business Media,2013.

[93] DUBOIS D, GUASTAVINO C, RAIMBAULT M. A Cognitive Approach to

Urban Soundscapes：Using Verbal Data to Access Everyday Life Auditory Categories[J]. Acta Acustica United with Acustica,2006,92(6):865-874.

[94] ROMERO V P,MAFFEI L,BRAMBILLA G,et al. Modelling the Soundscape Quality of Urban Waterfronts by Artificial Neural Networks [J]. Applied Acoustics,2016,111:121-128.

[95] DE COENSEL B,BOTTELDOOREN D,DEBACQ K,et al. Clustering Outdoor Soundscapes Using Fuzzy Ants [C]//2008 IEEE Congress on Evolutionary Computation （IEEE World Congress on Computational Intelligence）. Piscataway Township:IEEE,2008:1556-1562.

[96] RYCHTÁRIKOVÁ M,VERMEIR G. Soundscape Categorization on the Basis of Objective Acoustical Parameters [J]. Applied Acoustics, 2013, 74 (2): 240-247.

[97] LIU J,KANG J,BEHM H,et al. Effects of Landscape on Soundscape Perception：Soundwalks in City Parks[J]. Landscape and Urban Planning, 2014, 123: 30-40.

[98] 刘海龙. 生物医学信号处理[M]. 北京:化学工业出版社,2006.

[99] 布雷特奇德,威尔. 电生理学方法与仪器入门[M]. 封洲燕,译. 北京:机械工业出版社,2008.

[100] LEWIS J W, WIGHTMAN F L, BREFCZYNSKI J A, et al. Human Brain Regions Involved in Recognizing Environmental Sounds[J]. Cerebral Cortex, 2004,14(9):1008-1021.

[101] MCCORRY L K. Teachers' Topics[J]. American Journal of Pharmaceutical Education,2007,71(4):78.

[102] IRWIN A,HALL D A,PETERS A,et al. Listening to Urban Soundscapes：Physiological Validity of Perceptual Dimensions[J]. Psychophysiology,2011, 48(2):258-268.

[103] KUMAR S,TANSLEY-HANCOCK O,SEDLEY W,et al. The Brain Basis for Misophonia[J]. Current Biology,2017,27(4):527-533.

[104] 兰丽.室内环境对人员工作效率影响机理与评价研究[D].上海:上海交通大学,2010.

[105] ROBIN O, ALAOUI-ISMAÏLI O, DITTMAR A, et al. Emotional Responses Evoked by Dental Odors: an Evaluation From Autonomic Parameters[J]. Journal of Dental Research,1998,77(8):1638-1646.

[106] TUGADE M M, FREDRICKSON B L. Resilient Individuals Use Positive Emotions to Bounce Back from Negative Emotional Experiences[J]. Journal of Personality and Social Psychology,2004,86(2):320.

[107] RAUTAHARJU P M, BLACKBURN H. Relationship of Elevated Blood Pressure to ECG Amplitudes and Spatial Vectors in Otherwise "Healthy" Subjects[J]. American Heart Journal,1961,61(2):156-160.

[108] BULAGANG A F, WENG N G, MOUNTSTEPHENS J,et al. A review of Recent Approaches for Emotion Classification Using Electrocardiography and Electrodermography Signals[J]. Informatics in Medicine Unlocked,2020, 20:100363.

[109] DOUSTY M,DANESHVAR S,HAGHJOO M. The Effects of Sedative Music, Arousal Music, and Silence on Electrocardiography Signals[J]. Journal of Electrocardiology,2011,44(3):396. e1-396. e6.

[110] VAN DIEST I, PROOT P, VAN DE WOESTIJNE K P, et al. Critical Conditions for Hyperventilation Responses: the Role of Autonomic Response Propositions During Emotional Imagery[J]. Behavior Modification,2001,25(4):621-639.

[111] LABORDE S,MOSLEY E,THAYER J F. Heart Rate Variability and Cardiac Vagal Tone in Psychophysiological Research-Recommendations for Experiment

Planning, Data Analysis, and Data Reporting[J]. Frontiers in Psychology, 2017, 8: 213.

[112] 易慧,陈瑞娟,邓光华,等. 基于心率变异性的情绪识别研究[J]. 生物医学工程研究,2020,39(2):128-132.

[113] 庄媛. 基于符号动力学的心率变异性情绪识别研究[D]. 济南:山东大学,2019.

[114] 夏逸蓉. 基于心血管信号特征和心率变异性的多情绪量化与分类[D]. 济南:山东大学,2018.

[115] MURAKAMI H, OHIRA H. Influence of Attention Manipulation on Emotion and Autonomic Responses[J]. Perceptual and Motor Skills, 2007, 105(1): 299-308.

[116] SINHA R, LOVALLO W R, PARSONS O A. Cardiovascular Differentiation of Emotions[J]. Psychosomatic Medicine, 1992, 54(4): 422-435.

[117] FRACKOWIAK R S J. Human Brain Function[M]. Amsterdam: Elsevier, 2004.

[118] 梁夏,王金辉,贺永. 人脑连接组研究:脑结构网络和脑功能网络[J]. 科学通报,2010,55(16):1565-1583.

[119] 张冠华,余旻婧,陈果,等. 面向情绪识别的脑电特征研究综述[J]. 中国科学:信息科学,2019,49(9):1097-1118.

[120] 周昌贵. 颅内脑电图的临床应用[J]. 现代电生理学杂志,2006,13(1):45-56.

[121] 陶小梅,牛秦洲. 情感学习中基于检测眨眼频率和贝叶斯网络的情感分类算法[J]. 计算机科学,2013,40(12):287-291.

[122] 卜建,刘银鑫,王艳军. 空中交通管制员的眼动行为与疲劳关系[J]. 航空学报,2017,38(S1):57-62.

[123] 李佳庆,李海芳,白一帆,等. 脑电信号中眼电伪迹自动识别与去除方法研究[J]. 计算机工程与应用,2018,54(13):148-152,167.

[124] 李豪,刘杰.人体皮肤电阻与呼吸、情绪关系的测量及分析[J].科学技术与工程,2012,12(3):662-665.

[125] SOKHADZE E M. Effects of Music on the Recovery of Autonomic and Electrocortical Activity after Stress Induced by Aversive Visual Stimuli[J]. Applied Psychophysiology and Biofeedback,2007,32(1):31-50.

[126] 刘烨,王思睿,傅小兰.5 种基本情绪的心肺系统生理反应模式[J].计算机研究与发展,2016,53(3):716-725.

[127] VLEMINCX E,VAN DIEST I,DE PEUTER S,et al. Why Do You Sigh? Sigh Rate During Induced Stress and Relief[J]. Psychophysiology,2009,46(5):1005-1013.

[128] VRANA S R. The Psychophysiology of Disgust:Differentiating Negative emotional Contexts with Facial EMG[J]. Psychophysiology,1993,30(3):279-286.

[129] VRANA S R,GROSS D. Reactions to Facial Expressions:Effects of Social Context and Speech Anxiety on Responses to Neutral,Anger,and Joy Expressions[J]. Biological Psychology,2004,66(1):63-78.

[130] VRANA S R,ROLLOCK D. The Role of Ethnicity,Gender,Emotional Content,and Contextual Differences in Physiological,Expressive,and Self-Reported Emotional Responses to Imagery[J]. Cognition and Emotion,2002,16(1):165-192.

[131] KISTLER A,MARIAUZOULS C,VON BERLEPSCH K. Fingertip Temperature as an Indicator for Sympathetic Responses [J]. International Journal of Psychophysiology,1998,29(1):35-41.

[132] MCFARLAND R A. Relationship of Skin Temperature Changes to the Emotions Accompanying music[J]. Biofeedback and Self-regulation,1985,10(3):255-267.

[133] SALAZAR-LÓPEZ E, DOMÍNGUEZ E, RAMOS V J, et al. The Mental and Subjective Skin: Emotion, Empathy, Feelings and Thermography [J]. Consciousness and Cognition, 2015, 34: 149-162.

[134] BARTLETT B, BARTLETT J. Practical Recording Techniques: The Step-by-step Approach to Professional Audio Recording [M]. Boca Raton: CRC Press, 2016.

[135] HUBER D M, RUNSTEIN R E. Modern Recording Techniques [M]. Boca Raton: CRC Press, 2013.

[136] FLETCHER H. Symposium on Wire Transmission of Symphonic Music and Its Reproduction in Auditory Perspective: Basic Requirements [J]. The Bell System Technical Journal, 1934, 13(2): 239-244.

[137] DUNN F, HARTMANN W M, CAMPBELL D M, et al. Springer Handbook of Acoustics [M]. Berlin: Springer, 2015.

[138] BENESTY J, CHEN J, HUANG Y. Microphone Array Signal Processing [M]. Berlin: Springer Science & Business Media, 2008.

[139] G. R. A. S. Sound and Vibration [EB/OL]. (2017-06-13) [2019-03-25].

[140] BRUEL AND KJAER. Sound and Vibration [EB/OL]. (2016-12-22) [2019-03-25].

[141] HEAD. Acoustics Binaural Recording Systems [EB/OL]. (2016-12-18) [2019-03-25].

[142] GERZON M A. Periphony: With-height Sound Reproduction [J]. Journal of the Audio Engineering Society, 1973, 21(1): 2-10.

[143] SENNHEISER. Sennheiser AMBEO VR MIC—Microphone 3D AUDIO Capture [EB/OL]. (2017-06-13) [2019-03-25].

[144] Core Sound. TeraMic [EB/OL]. (2016-12-28) [2019-03-25].

[145] HONG J Y, HE J, LAM B, et al. Spatial Audio for Soundscape Design:

Recording and Reproduction[J]. Applied Sciences,2017,7(6):627.

[146] KAMATH M V, WATANABE M. Heart Rate Variability (HRV) Signal Analysis:Clinical Applications[M]. Boca Raton:CRC Press,2012.

[147] MUNOZ M L, VAN ROON A, RIESE H, et al. Validity of (Ultra-) Short Recordings for Heart Rate Variability Measurements[J]. PloS One,2015,10 (9):e0138921.

[148] CASTALDO R, MELILLO P, BRACALE U, et al. Acute Mental Stress Assessment via Short Term HRV Analysis in Healthy Adults:A Systematic Review with Meta-Analysis[J]. Biomedical Signal Processing and Control, 2015,18:370-377.

[149] 张弛,袁琳,陈诗惠,等. 基于非接触式测量的极短时心率变异性分析 [J]. 航天医学与医学工程,2020,33(2):134-142.

[150] 阎克乐,张文彩,张月娟,等. 心率变异性在心身疾病和情绪障碍研究中 的应用[J]. 心理科学进展,2006,14(2):261-265.

[151] PACKARD G C,BOARDMAN T J. The Use of Percentages and Size-Specific Indices to Normalize Physiological Data for Variation in Body Size:Wasted Time,Wasted Effort? [J]. Comparative Biochemistry and Physiology Part A: Molecular and Integrative Physiology,1999,122(1):37-44.

[152] MATSUMURA K, YAMAKOSHI T. IPhysioMeter:A New approach for Measuring Heart Rate and Normalized Pulse Volume Using Only a Smartphone[J]. Behavior Research Methods,2013,45(4):1272-1278.

[153] 陈慧娟. 飞机驾驶舱多通道人机交互设计研究[D]. 南京:东南大 学,2016.

[154] RICHARD L,CHARBONNEAU D. An Introduction to E-Prime[J]. Tutorials in Quantitative Methods for Psychology,2009,5(2):68-76.

[155] CADENA L F H,SOARES A C L,PAVÓN I,et al. Assessing Soundscape:

Comparison Between in Situ and Laboratory Methodologies [J]. Noise mapping,2017,4(1):57-66.

[156] LINDQUIST M, LANGE E, KANG J. From 3D Landscape Visualization to Environmental Simulation:The Contribution of Sound to the Perception of Virtual Environments [J]. Landscape and Urban Planning, 2016, 148: 216-231.

[157] SAMMLER D, GRIGUTSCH M, FRITZ T, et al. Music and Emotion: Electrophysiological Correlates of the Processing of Pleasant and Unpleasant Music[J]. Psychophysiology,2007, 44(2):293-304.

[158] LIU J, KANG J, LUO T, et al. Landscape Effects on Soundscape Experience in City Parks[J]. Science of the Total Environment,2013,454:474-481.

[159] LIU F, KANG J. Relationship between Street Scale and Subjective Assessment of Audio-Visual Environment Comfort Based on 3D Virtual Reality and Dual-Channel Acoustic Tests[J]. Building and Environment,2018,129:35-45.

[160] VON LINDERN E, HARTIG T, LERCHER P. Traffic-Related Exposures, Constrained Restoration, and Health in the Residential Context[J]. Health and Place,2016,39:92-100.

[161] KANG J, ZHANG M. Semantic Differential Analysis of the Soundscape in Urban Open Public Spaces[J]. Building and environment,2010,45(1): 150-157.

[162] 刘钊,刘志伟. 基于提高 Cronbach α 系数的问卷设计策略[J]. 当代教育实践与教学研究,2016(4):173-174.

[163] 亓莱滨,张亦辉,郑有增,等. 调查问卷的信度效度分析[J]. 当代教育科学,2003(22):53-54.

[164] LAMBERT M J, BURLINGAME G M, UMPHRESS V, et al. The Reliability and Validity of the Outcome Questionnaire [J]. Clinical Psychology and

Psychotherapy: An International Journal of Theory and Practice, 1996, 3(4):
249-258.

[165] WARREN D H, MCCARTHY T J, WELCH R B. Discrepancy and Nondiscrepancy
Methods of Assessing Visual-Auditory Interaction [J]. Perception &
Psychophysics, 1983, 33(5):413-419.

[166] MOREIN-ZAMIR S, SOTO-FARACO S, KINGSTONE A. Auditory Capture of
Vision: Examining Temporal Ventriloquism [J]. Cognitive Brain Research,
2003, 17(1):154-163.

[167] CARLES J, BERNÁLDEZ F, LUCIO J. Audio-Visual Interactions and
Soundscape Preferences [J]. Landscape Research, 1992, 17(2):52-56.

[168] FISHER G H. Agreement between the Spatial Senses [J]. Perceptual and
Motor Skills, 1968, 26(3):849-850.

[169] GODFROY-COOPER M, SANDOR P M B, MILLER J D, et al. The
Interaction of Vision and Audition in Two-Dimensional Space [J]. Frontiers in
Neuroscience, 2015, 9:311.

[170] GAN Y, LUO T, BREITUNG W, et al. Multi-Sensory Landscape Assessment:
The Contribution of Acoustic Perception to Landscape Evaluation [J]. The
Journal of the Acoustical Society of America, 2014, 136(6):3200-3210.

[171] SOUTHWORTH M F. The Sonic Environment of Cities [D]. Cambridge:
Massachusetts Institute of Technology, 1967.

[172] YONG JEON J, YOUNG HONG J, JIK LEE P. Soundwalk Approach to
Identify Urban Soundscapes Individually [J]. The Journal of the Acoustical
Society of America, 2013, 134(1):803-812.

[173] ANDERSON L M, MULLIGAN B E, GOODMAN L S, et al. Effects of Sounds
on Preferences for Outdoor Settings [J]. Environment and Behavior, 1983, 15
(5):539-566.

[174] CARLES J L, BARRIO I L, DE LUCIO J V. Sound Influence on Landscape Values[J]. Landscape and Urban Planning,1999,43(4):191-200.

[175] JIANG L,KANG J. Perceived Integrated Impact of Visual Intrusion and Noise of Motorways: Influential Factors and Impact Indicators [J]. Transportation Research Part D:Transport and Environment,2017,57:217-223.

[176] CHAU C K, LEUNG T M, XU J M, et al. Modelling Noise Annoyance Responses to Combined Sound Sources and Views of Sea,Road Traffic,and Mountain Greenery[J]. The Journal of the Acoustical Society of America, 2018,144(6):3503-3513.

[177] JEON J Y,LEE P J,YOU J,et al. Acoustical Characteristics of Water Sounds for Soundscape Enhancement in Urban Open Spaces[J]. The Journal of the Acoustical Society of America,2012,131(3):2101-2109.

[178] HONG J Y, JEON J Y. Designing Sound and Visual Components for Enhancement of Urban Soundscapes [J]. The Journal of the Acoustical Society of America,2013,134(3):2026-2036.

[179] PHEASANT R J, FISHER M N, WATTS G R, et al. The Importance of Auditory-Visual Interaction in the Construction of "Tranquil Space" [J]. Journal of Environmental Psychology,2010,30(4):501-509.

[180] TORRESIN S, ALBATICI R, ALETTA F, et al. Assessment Methods and Factors Determining Positive Indoor Soundscapes in Residential Buildings: A Systematic Review[J]. Sustainability,2019,11(19):5290.

[181] BRADLEY M M, CODISPOTI M, CUTHBERT B N, et al. Emotion and Motivation I:Defensive and Appetitive Reactions in Picture Processing[J]. Emotion,2001, 1(3):276.

[182] VIOLLON S, LAVANDIER C, DRAKE C. Influence of Visual Setting on Sound Ratings in an Urban Environment [J]. Applied Acoustics, 2002,63 (5):493-511.

[183] HOLM S. A Simple Sequentially Rejective Multiple Test Procedure [J]. Scandinavian Journal of Statistics,1979:65-70.

[184] SEIDLER A,WAGNER M,SCHUBERT M,et al. Aircraft, Road and Railway Traffic Noise as Risk Factors for Heart Failure and Hypertensive Heart Disease—A Case-Control Study Based on Secondary Data[J]. International Journal of Hygiene and Environmental Health,2016,219(8):749-758.

[185] ROSWALL N, RAASCHOU-NIELSEN O, JENSEN S S, et al. Long-term Exposure to Residential Railway and Road Traffic Noise and Risk for Diabetes in a Danish Cohort [J]. Environmental Research, 2018, 160: 292-297.

[186] FINEGOLD L S,HARRIS C S, VON GIERKE H E. Community Annoyance and Sleep Disturbance:Updated Criteria for Assessing the Impacts of General Transportation Noise on People[J]. Noise Control Engineering Journal,1994, 42(1):25-30.

[187] MIEDEMA H M E,VOS H. Exposure-Response Relationships for Transportation Noise[J]. The Journal of the Acoustical Society of America,1998,104(6): 3432-3445.

[188] MUZET A. Environmental Noise, Sleep and Health [J]. Sleep Medicine Reviews,2007,11(2):135-142.

[189] BASNER M, MÜLLER U, GRIEFAHN B. Practical Guidance for Risk Assessment of Traffic Noise Effects on Sleep[J]. Applied Acoustics,2010,71 (6):518-522.

[190] MONRAD M,SAJADIEH A,CHRISTENSEN J S,et al. Residential Exposure to Traffic Noise and Risk of Incident Atrial Fibrillation:A Cohort Study[J]. Environment International,2016,92:457-463.

[191] VERSFELD N J, VOS J. Annoyance Caused by Sounds of Wheeled and Tracked Vehicles [J]. The Journal of the Acoustical Society of America,

1997,101(5):2677-2685.

[192] NILSSON M E. A-weighted Sound Pressure Level as an Indicator of Short-term Loudness or Annoyance of Road-Traffic Sound[J]. Journal of Sound and Vibration,2007,302(1-2):197-207.

[193] HONGISTO V,OLIVA D,REKOLA L. Subjective and Objective Rating of the Sound Insulation of Residential Building Façades against Road Traffic Noise [J]. The Journal of the Acoustical Society of America, 2018, 144 (2): 1100-1112.

[194] JOYNT J L R,KANG J. The Influence of Preconceptions on Perceived Sound Reduction by Environmental Noise Barriers [J]. Science of the Total Environment,2010,408(20):4368-4375.

[195] ALETTA F,KANG J,AXELSSONÖ. Soundscape Descriptors and a Conceptual Framework for Developing Predictive Soundscape Models[J]. Landscape and Urban Planning, 2016,149:65-74.

[196] WATTS G R,PHEASANT R J,HOROSHENKOV K V,et al. Measurement and Subjective Assessment of Water Generated Sounds [J]. Acta Acustica United with Acustica,2009,95(6):1032-1039.

[197] GALBRUN L, ALI T T. Acoustical and Perceptual Assessment of Water Sounds and Their Use Over Road Traffic Noise [J]. The Journal of the Acoustical Society of America,2013,133(1):227-237.

[198] JEON J Y,LEE P J,YOU J,et al. Perceptual Assessment of Quality of Urban Soundscapes with Combined Noise Sources and Water Sounds [J]. The Journal of the Acoustical Society of America,2010,127(3):1357-1366.

[199] NILSSON M E, ALVARSSON J, RÅDSTEN-EKMAN M, et al. Auditory Masking of Wanted and Unwanted Sounds in a City Park[J]. Noise Control Engineering Journal,2010,58(5):524-531.

[200] CERWÉN G,PEDERSEN E,PÁLSDÓTTIR A M. The Role of Soundscape in

Nature-Based Rehabilitation: A Patient Perspective[J]. International Journal of Environmental Research and Public Health,2016,13(12):229.

[201] VALLET M, GAGNEUX J M, BLANCHET V, et al. Long Term Sleep Disturbance Due to Traffic Noise[J]. Journal of sound and vibration,1983,90 (2):173-191.

[202] JAKOVLJEVIĆB,BELOJEVIĆG,PAUNOVIĆK,et al. Road Traffic Noise and Sleep Disturbances in an Urban Population: Cross-Sectional Study [J]. Croatian Medical Journal,2006,47(1):125-133.

[203] GUASTAVINO C,KATZ B F G,POLACK J D,et al. Ecological Validity of Soundscape Reproduction[J]. Acta Acustica United with Acustica,2005,91 (2):333-341.

[204] SCHAFER R M. The New Soundscape[M]. Toronto:BMI Canada Limited, 1969.

[205] BROWN A L,KANG J,GJESTLAND T. Towards Standardization in Soundscape Preference Assessment[J]. Applied Acoustics, 2011, 72(6):387-392.

[206] ALETTA F, XIAO J. What Are the Current Priorities and Challenges for (Urban) Soundscape Research? [J]. Challenges,2018,9(1):16.

[207] LIU F,KANG J. A Grounded Theory Approach to the Subjective Understanding of Urban Soundscape in Sheffield[J]. Cities, 2016,50:28-39.

[208] KRZYWICKA P, BYRKA K. Restorative Qualities of and Preference for Natural and Urban Soundscapes [J]. Frontiers in Psychology, 2017 (8): 1705.

附　录

附录 1　城市典型声景的现场图

(a)高速路

(b)十字路口

(c)蝉鸣

(d)鸟鸣

(e)儿童嬉戏

(f)海浪

(g)喷泉

(h)早市

(i)道路维修

(j)风机

(k)风吹树叶

(l)小瀑布

(m) 道路清洗

(n) 篮球场

(o) 寂静街道

(p) 广场舞

(q) 合唱团

(r) 临街店铺

(s) 暴雨

(t) 风铃

附录 2　声景的感知恢复性量表

Fascination（迷人性）

I find this sonic environment **appealing**.

我发现这种声音环境很**吸引**我。

My **attention** is drawn to many of the interesting sounds here.

我的**注意力**被这里的许多有趣的声音吸引。

These sounds make me want to **linger** here.

这些声音让我想在这里**驻足**。

These sounds make me **wonder** about things.

这些声音使我对这里的事物感到**好奇**。

I am **engrossed** by this sonic environment.

这种声音环境令我**全神贯注**。

Being-Away-To（引离性）

I hear these sounds when I am **doing** something **different** from what I usually do.

当我听到这些声音时，我在做一些**不平常**（不同于往常）的事情。

This is a **different sonic** environment from what I usually hear.

这里的**声**环境与我日常中听到的**不同**。

I am hearing sounds that I **usually hear**.

这里的声音是我**日常听到**的。

Being-Away-From（远离性）

This sonic environment is a **refuge** from unwanted distractions.

这里的声环境是躲避不必要干扰的**避难所**。

When I hear these sounds I **feel free** from work, routine and responsibilities.

当我听到这些声音时,我感觉没有工作、公事和责任(**感到自由**)。

Listening to these sounds gives me a **break** from my day-to-day listening experience.

听这些声音让我从日常的听觉体验中**解脱**。

Compatibility(**兼容性**)

These sounds relate to **activities** I like to do.

这些声音与我喜欢做的**活动**有关。

This sonic environment **fits** with my personal preferences.

这个声环境**适合**我个人的喜好。

I rapidly get **used to** hearing this type of sonic environment.

我很快就**习惯**了这种声环境。

Hearing these sounds **hinders** what I would want to do in this place.

听着这些声音**妨碍**了我在这个地方做想做的事。

Extent(Coherence)(**一致性**)

All the sounds I'm hearing **belong** here(with the place shown).

我听到的所有声音都**属于**这里(图像中所呈现的地方)。

All the sounds merge to form a **coherent** sonic environment.

所有的声音相互融合成**一致**的声环境。

The sounds I am hearing seem to fit **together** quite naturally with this place.

我听到的声音似乎与这个地方很自然地**结合在一起**。

Extent(Scope)(**范围**)

The sonic environment suggests the size of this place is **limitless**.

声环境表明这里的大小是**无限**的。